Zeitschrift für Angewandte Mathematik und Mechanik

ZAMM

Applied Mathematics and Mechanics

Founded by Richard von Mises in 1921

Edited at Institute of Mechanics
Academy of Sciences of the G.D.R.

Akademie-Verlag · Berlin

Volume 66 · 1986
Number 2

ISSN 0044-2267 ZAMM · Z. angew. Math. Mech., Berlin **66** (1986) 2, 65—128

The **aim and scope** of ZAMM is, in agreement with the intentions of its founder, to publish new results and information on applied mathematics (mainly on numerical mathematics and applications of analysis) as well as on theoretical and applied mechanics.
The journal is of interest for persons working in applied mathematics and mechanics as well as on mathematical or mechanical questions in other sciences as physics and technical sciences, for instance mechanical and civil engineering.

Terms of subscription for the journal

Orders can be sent

- in the GDR: to Postzeitungsvertrieb, or to Akademie-Verlag Berlin, DDR-1086 Berlin, Leipziger Str. 3—4, PF-Nr. 1233;
- in the other socialist countries: to a book-shop for foreign language literature or to the competent news-distributing agency;
- in the FRG and Berlin(West): to a book-shop or to the wholesale distributing agency Kunst und Wissen, Erich Bieber OHG, Wilhelmstr. 4—6, D-7000 Stuttgart 1;
- in the other Western European Countries: to Kunst und Wissen, Erich Bieber GmbH, Dufourstr. 51, CH-8008 Zürich;
- in other countries: to the international book- and journal-selling trade, to Buchexport, Volkseigener Außenhandelsbetrieb der DDR, DDR-7010 Leipzig, Postfach 160; or to the Akademie-Verlag Berlin, DDR-1086 Berlin, Leipziger Str. 3—4, PF-Nr. 1233.

Manuscripts (in grammatical English or German language, master and one copy, formulas typewritten) should be addressed to the editorial office of ZAMM, Institut für Mechanik der Akademie der Wissenschaften der DDR, DDR-1199 Berlin, Rudower Chaussee 5. The title in English language and for papers of more than 10 pages a summary of 5 to 10 lines in English and (if possible) German and Russian languages have to be added. Detailed remarks for authors which should be considered strictly are published subsequent to the last annual table of contents.

ZEITSCHRIFT FÜR
ANGEWANDTE MATHEMATIK UND MECHANIK
Herausgeber und Chefredakteur: Prof. Dr. Günter Schmidt, Berlin. Verlag: Akademie-Verlag Berlin, DDR-1086 Berlin, Leipziger Straße 3—4; Fernruf: 2236221 oder 2236229; Telex-Nr.: 114420; Bank: Staatsbank der DDR, Berlin, Kto.-Nr.: 6886-26-20712. Anschrift der Redaktion: Institut für Mechanik der Akademie der Wissenschaften der DDR, DDR-1199 Berlin, Rudower Chaussee 5; Fernruf: 6743639 oder 6743643.

Veröffentlicht unter der Lizenznummer 1282 des Presseamtes beim Vorsitzenden des Ministerrates der Deutschen Demokratischen Republik. Gesamtherstellung: VEB Druckerei „Thomas Müntzer", 5820 Bad Langensalza. Erscheinungsweise: Die Zeitschrift für Angewandte Mathematik und Mechanik erscheint monatlich. Die 12 Hefte eines Jahres einschließlich Tagungshefte bilden einen Band. Bezugspreis je Band 396,— DM zuzüglich Versandspesen. Bezugspreis je Heft 33,— DM. Der gültige Jahresbezugspreis für die DDR ist der Postzeitungsliste zu entnehmen. Bestellnummer dieses Heftes: 1009/66/2.

Printed in the German Democratic Republic.
AN (EDV) 35937
01800

Zeitschrift für Angewandte Mathematik und Mechanik

ZAMM

Applied Mathematics and Mechanics

Volume 66 1986 Number 2

ZAMM · Z. angew. Math. Mech. 66 (1986) 2, 65–72

MICHEL, B.; WILL, P.

Integralkonzepte für die Rißbewertung — eine aktuelle Trendanalyse von Rißkriterien der modernen Bruchmechanik

Seit den Arbeiten von Rice und Tscherepanow zum J-Integral haben sich die integralen Rißkriterien zu einem bedeutenden Schwerpunkt der Bruchmechanik entwickelt. Der vorliegende Artikel ist der Versuch einer aktuellen Trendanalyse dieses Forschungsgebietes. Das Ziel der Studie besteht darin, die modernen, verallgemeinerten Bruchkriterien unter einem vereinheitlichenden Standpunkt zusammenzufassen und zu bewerten.

Since Rice and Cherepanov proposed the J-integral as an attractive fracture criterion much attention has been given to it. The present paper is an attempt at a summary of recent and current studies concerning path independent integrals of fracture mechanics on the basis of general thermodynamic balances. The study is primarily intended to relate modern generalized fracture criteria to an unified point of view and to determine the range of their apparent theoretical validity.

С работ Райса и Черепанова об J-интеграле интегральные критерии разрушения стали вашной частью механики разрушения. Данная работа является попыткой актуального анализа этой области исследования. Цель заключается в том, чтобы оценить обобщенные критерии разрушения с единной точки зрения.

1. Zur Bedeutung von Bruchmechanik und Schadensmechanik

Die heutigen hohen Anforderungen an die Sicherheit und Zuverlässigkeit von Bauteilen, Maschinen, Anlagen und Konstruktionen lassen sich nicht mehr mit den herkömmlichen Dimensionierungs-, Berechnungs- und Bewertungskriterien erfüllen, insbesondere unter dem Gewichtspunkt der Materialökonomie und des rationellen Einsatzes der Werkstoffe [1], [2].

Für die moderne Mechanik ist auch aus diesen Gründen ein Trend im internationalen Maßstab klar erkennbar, der heute bereits zunehmend mit dem Terminus „*Werkstoffmechanik*" gekennzeichnet wird. Die Bruchmechanik als eine der tragenden Säulen der Forschungen zur mechanischen Zuverlässigkeit bildet dabei zugleich auch den wichtigsten Schwerpunkt der modernen „Schadensmechanik" schlechthin. Sie ist ohne konkreten Bezug zum Werkstoff heute undenkbar und stellt ein typisches Beispiel für den eingangs genannten Entwicklungstrend der Mechanik zur Werkstoffmechanik dar. Das Auftreten von Rissen in Bauteilen, Maschinen und Anlagen ist heute zu einem wichtigen Problem für die Volkswirtschaften aller hochentwickelten Industriestaaten geworden. Verwiesen sei in diesem Zusammenhang nur auf den Betrieb von Kernkraftwerken. In der Vergangenheit begnügte man sich i. a. noch mit mehr oder weniger groben Abschätzungen des Festigkeits- und Bruchverhaltens und setzte in der Praxis dann entsprechend höhere „Sicherheitsbeiwerte" an, um die Toleranzen bzw. sogar Fehler der Theorie in gewissem Sinne zu „überspielen". Eine derartige Vorgehensweise ist heute immer weniger gerechtfertigt, wenngleich sie noch weit verbreitet ist. Da die Bruch- und Rißkriterien ein entscheidendes Kettenglied darstellen für eine zuverlässige Bewertung der mechanischen Sicherheit und Zuverlässigkeit von Konstruktionen und Fertigerzeugnissen, beschäftigt sich eine große Zahl von Forschungseinrichtungen im internationalen Maßstab intensiv mit Untersuchungen zu

Bruch- und Rißkriterien für kompliziertes Werkstoffverhalten unter verschiedensten mechanischen und thermischen Belastungsregimen. Die Ursachen dafür sind in erster Linie im ökonomischen Bereich zu sehen, da beträchtliche Mittel für die Schadensverhütung, Schadensdiagnostik und den Ersatz schadensgefährdeter Anlagen aufgewendet werden müssen. Aus diesem Grunde ist es eben nicht ohne Bedeutung, ob eine wirtschaftlich leistungsfähige Anlage einige Jahre länger zuverlässig arbeiten kann oder nicht, selbst bei Vorhandensein (nichtkritischer!) Risse.

Die modernen Kriterien der Bruchmechanik erzwingen sich im internationalen Maßstab zunehmend ihre Bedeutung und Berücksichtigung in den technischen Standards und Berechnungsvorschriften. Besonders weit ist die Entwicklung dabei im Flugzeug- und Raketenbau vorangeschritten [3].

Man kann mit gutem Recht behaupten, daß es bereits heute keinen wichtigen technischen Bereich gibt, wo Bruch- und Rißvorgänge ohne moderne Methoden, Verfahren und Konzepte der Bruchmechanik behandelt oder doch zumindest abgeschätzt werden. Das trifft auf den Maschinenbau ebenso zu wie auf den Kraftwerks- und Anlagenbau, auf das Bauwesen oder auf zahlreiche technische Verfahren selbst (vgl. z. B. [1], [2], [4]). Ein aussagefähiges Beispiel sind die Risse in Schweißverbindungen. Selbst in der Geologie und Geophysik (z. B. in der Seismologie, bei der Erdbebenvorhersage etc.), bei den Lagerstätten-Problemen, bei der Anlage von Untergrundspeichern usw. spielen Bruchkriterien eine zunehmende Rolle [39].

Auf Grund der Vielfalt der Bruch- und Rißerscheinungen in den unterschiedlichsten Werkstoffklassen erlangen wissenschaftlich begründete Bruch- und Rißkriterien mit hohem Grad an Allgemeingültigkeit eine außerordentlich große praktische Bedeutung. Die Gewinnung derartiger Kriterien und ihre Aufbereitung zur Anwendung ist eine interdisziplinäre Gemeinschaftsarbeit von Spezialisten der Festkörpermechanik, der Werkstofftechnik und Werkstoffprüfung, der Festkörperphysik und eine Reihe weiterer naturwissenschaftlicher und technischer Richtungen. Nicht zu vergessen sind dabei heute auch Fragestellungen der Chemie — insbesondere der physikalischen Chemie — wenn man nur an die Medien und Umweltfaktoren denkt, die den Rißfortschritt nicht unwesentlich beeinflussen.

Nachfolgend befassen sich die Autoren mit einem äußerst interessanten und sich international starker Aufmerksamkeit erfreuendem Spezialgebiet der Bruch- und Festkörpermechanik, mit den integralen Bruchkriterien. Der Terminus „Verallgemeinerter J-Integral gestützter Bruch- bzw. Rißkriterien" ist ebenfalls gebräuchlich [42].

Seit den Arbeiten von Tscherepanow [19] und Rice [18] Ende der sechziger Jahre wurde hier Beträchtliches geleistet [6], [7], [9], [23], [69]. Obwohl die Entwicklung dieser Kriterien heute keineswegs als abgeschlossen gelten kann, sind bereits sehr wichtige Resultate erhalten worden, die einen umfassenden Einsatz in der Technik voraussehen lassen. Die internationalen Forschungen gehen klar in die Richtung, heute und in naher Zukunft bereits geeignete Kriterien für sehr allgemeines Materialverhalten (elastisch-plastisch, viskos bzw. mit „Mischtypen") bei kleinen oder großen Verformungen sowie kompliziertem Beanspruchungsverhalten (statisch, stationär oder dynamisch-instationär oder stochastisch) zu gewinnen [11], [30], [34], [46], [49], [55], [56].

Die Berücksichtigung der dreidimensionalen Spannungszustände ist dabei möglich [27], [38], [61], [62]. Darüber hinaus gibt es Erkenntnisse, wie zusätzlich thermische Deformationen und Eigenspannungen einbezogen werden können [25]. Auch Materialwanderungsprozesse (Diffusion im Rißgebiet [28]) lassen sich prinzipiell schon berücksichtigen.

Diese verallgemeinerten Bruch- und Rißkriterien (verallgemeinertes J-Integral) sowie weitere Integrale werden im folgenden näher vorgestellt, ohne daß hier ein Anspruch auf Vollständigkeit erhoben werden kann und soll, da dieses Gebiet ein aktueller Forschungsgegenstand ist und noch weitere Erkenntnisse erwartet werden. Unsere Übersicht zeigt die wichtigsten Trends im Hinblick auf verallgemeinerte Integralkonzepte der Bruchmechanik auf. Wir sollten uns jedoch heute bereits darauf einstellen und eine Nutzung vorbereiten, wie das in einigen führenden Industriestaaten bereits praktiziert wird oder absehbar ist [5—8], [63].

In den folgenden Abschnitten wird versucht, die bisher bekannten Ergebnisse zu modernen Integralkriterien unter einem einheitlichen Gesichtspunkt zusammenzufassen. Dies scheint den Autoren vor allem wegen der verwirrend großen Zahl der, in den letzten Jahren zu diesem Thema erschienenen Publikationen erforderlich zu sein. Die Basis für eine physikalisch begründete Beschreibung des Rißwachstums in Festkörpern ist die Leistungsbilanz am Riß. Auf dieser Tatsache beruht der Erfolg der Integralkonzepte der Bruchmechanik, die im Gegensatz zu halbempirischen Beschreibungen des Bruchverhaltens theoretisch begründbar und auf die große Klasse von Materialien anwendbar sind.

2. Das J-Integral nach Tscherepanow und Rice

Ausgehend von Untersuchungen Eshelbys [58] konnte Rice [18] nachweisen, daß das heute oft nach ihm benannte Wegintegral,

$$J = \int_{\Gamma} (W \, dx_2 - T u_{,1} \, ds) \tag{1}$$

elastisches Materialverhalten vorausgesetzt, wegunabhängig ist. Diese Tatsache ist von besonderer Bedeutung für die Meßwerterfassung. Dabei sind W die elastische Energiedichte, T der Spannungsvektor auf der Umlaufkurve Γ; letztere umschreibt die Rißspitze. x_1 beschreibt die Koordinate in Rißrichtung (geradlinige Rißverlängerung). x_2 ist die dazu senkrechte Koordinate. u steht für den Verschiebungsvektor. Ein einem Komma folgender Index bedeutet im folgenden Text die partielle lokale Ableitung in angegebener Richtung. Das vorliegende Integral wurde ursprünglich für ebene linear-elastische Rißprobleme abgeleitet.

Rißverlängerung tritt dann ein, wenn J einen kritischen Materialwert überschreitet. Das Integral beschreibt die Initiierung des Rißfortschrittes. J ist identisch mit der Energiefreisetzungsrate (hervorgerufen durch geradlinige Rißverlängerung) pro Probendicke; J läßt sich als rißreibende Kraft interpretieren [22], [36], [40—44].

In der vorwiegend experimentell orientierten Literatur wird unter dem Begriff J-Integral meistens das originale RICE-Integral mit all seinen Gültigkeitsschranken verstanden z. B. [37]. In der Folge davon kommt es zu widersprüchlichen Aussagen über die Universalität des J-Integralkonzeptes in der Bruchmechanik. Letztere bleibt in modernen Modifikationen von (1) bestehen.

3. Das 3d-Integral nach Miyamoto und Kikuchi

In der 3-dimensionalen Verallgemeinerung des J-Integrals durch MIYAMOTO, KIKUCHI [38], [27] läßt sich die Interpretation von J als rißtreibende Kraft beibehalten. Der skalare Parameter $\hat{J}$ wird zum Vektor J. Er ist nicht identisch mit einer reinen Zusammenfassung von 3 Umlaufintegralen für ebene Rißprobleme. Neben Wegintegralen treten zusätzliche Flächenintegrale über die von Γ umschriebene Fläche A auf.

$$\hat{J}_k = \int_\Gamma (W n_k - u_{i,k} t_{ij} n_j) \, d\Gamma + \delta_{k,3} \int_A W_{,3} \, dA - \int_A (u_{i,k} t_{i3})_{,3} \, dA , \qquad W = \int t_{ij} \, du_{i,j} . \tag{2}$$

Entsprechend der Einsteinschen Summenkonvention wird über doppelt auftretende Laufvariablen summiert. n ist der 2-dimensionale Normalenvektor zur Umlaufkurve Γ. $\hat{J}$ beschreibt den lokalen Fortschritt der räumlichen Rißfront in Bezugsebenen $x_3 = \text{const.}$ t_{ij} steht für den Spannungstensor, $u_{i,j}$ für den Distortionstensor. Im Grenzfall der ebenen linear-elastischen Theorie besteht folgender Zusammenhang zwischen J und den bekannten Spannungsintensitätsfaktoren der Bruchmechanik [47].

$$J_1 = (K_I^2 + K_{II}^2)/E' , \qquad J_2 = -2K_I K_{II}/E' , \qquad E' = \begin{cases} E & \text{ebener Spannungszustand} \\ E/(1-\nu^2) & \text{ebener Deformationszustand} . \end{cases} \tag{3}$$

Die Rißausbreitung erfolgt in diesem Fall in einem Winkel

$$\vartheta = \operatorname{arctg} (J_2/J_1) \tag{4}$$

zur x_1-Achse.

Häufig werden auch räumliche Verallgemeinerungen von (1) im Sinne eines globalen Integrals definiert, das den gesamten Defekt in seiner 3-dimensionalen Ausdehnung beschreibt, indem die den Defekt umlaufenden Linien Γ durch geschlossene Flächen ersetzt werden [16], [44], [64], [65]. Derartige Integrale sind jedoch als lokale Rißfortschrittskriterien nicht geeignet.

4. J-Integral für belastetes Rißufer

Sind die Rißflanken belastet, so müssen die innerhalb der Umlaufkurve Γ liegenden Rißabschnitte dann in den Integrationsweg einbezogen werden, wenn Γ an verschiedenen gegenüberliegenden Punkten P und Q auf den Rißufern beginnt bzw. endet. PALMER und RICE [15] untersuchten diesen z. B. für Anwendungen in der Geophysik wichtigen Fall. Die entsprechende Modifikation von (2) führt zu folgender Korrektur

$$J_k = \hat{J}_k + \int_Q^P t_{ij} n_j^s (\Delta u_i)_{,k} \, d\Gamma , \tag{5}$$

Δu_i ist der Verschiebungssprung entlang des Rißufers mit der Normalen n^s. Der Verschiebungssprung ist in der Regel einer experimentellen Bestimmung zugänglich.

5. J-Integral unter Einbeziehung thermisch induzierter Spannungen

Die Berücksichtigung von Wärmedeformationen $u_{i,j}^{\text{th}}$ führt, adiabatische bzw. isotherme linear-elastische Deformation vorausgesetzt, bei ungleichmäßiger Erwärmung zu einem Korrekturglied in (2), das die der Temperaturänderung $(\Theta - \Theta_0)$ entsprechende Spannungsänderung berücksichtigt [35],

$$\hat{J}_k = \int_{\Gamma + \Gamma_s} (W^{\text{el}} n_k - t_{ij} n_j u_{i,k}) \, d\Gamma + \int_A t_{ij} u_{i,jk}^{\text{th}} \, dA . \tag{6}$$

Dabei steht $W^{\text{el}} = \int t_{ij} \, du_{i,j}^{\text{el}}$ für die rein elastische Energiedichte. Die in (2) auftretenden Spannungen

$$t_{ij} = t_{ij}^{(0)} - \frac{E}{3(1-2\nu)} [\alpha(\Theta - \Theta_0) - u_{l,l}^{\text{th}}] \, \delta_{ij} + \frac{E}{1+2\nu} \left[\frac{1}{2} (u_{i,j}^{\text{th}} + u_{j,i}^{\text{th}}) - \frac{1}{3} \delta_{ij} u_{l,l}^{\text{th}} \right] \tag{7}$$

sind durch die infolge Wärmedeformation auftretenden zusätzlichen thermischen Spannungen zu korrigieren. $t_{ij}^{(0)}$ sei die rein mechanisch erzeugte Spannung des Körpers ohne Temperaturänderung. α ist der Wärmeausdehnungskoeffizient.

GURTIN [10] konkretisierte den thermoelastischen Koorrekturterm entsprechend (6) unter der Voraussetzung, daß das Temperaturfeld an der Rißspitze kein singuläres Verhalten zeigt. In diesem Fall läßt sich der Korrekturterm in ein Linienintegral überführen. Das häufig zitierte Ergebnis ist jedoch fehlerhaft [68]. Formeln der Gestalt (6), (7) ermöglichen es prinzipiell, die Einbeziehung von Temperaturfeldern in die Behandlung des Rißkriteriums direkt vorzunehmen [31], und nicht nur über eine i. a. praktizierte „nachträgliche Variation" der temperaturabhängigen Werkstoffwerte (wie Bruchzähigkeit etc.). Die exakte Energiebilanz unter Einbeziehung auch thermischer Anteile ist Voraussetzung für eine über isotherme oder adiabatische Rißkriterien hinausgehende Bruchmechanik. Dies trifft vor allem auf den Bereich des nichtelastischen Werkstoffverhaltens (Fließbruchmechanik) zu, da hier durch dissipative Prozesse mechanische Arbeit in Wärmeenergie umgewandelt wird. Neben kontinuumsmechanischen Grundgleichungen sind unbedingt die Prinzipien der Thermodynamik (1. und 2. Hauptsatz) zu berücksichtigen.

Bui, Nguyen et. al. [20], [24] haben sich in dieser Richtung beschäftigt. Dabei standen auch die Fragen der Wärmeumsetzung (Dissipation, Leitung, Konvektion) im Blickpunkt. Die korrekte Behandlung der Feldkopplungsproblematik (vgl. z. B. [13], [14], [57]) bietet nicht nur Möglichkeiten für die Aufstellung zuverlässiger, temperaturabhängiger Rißkriterien, sondern gestattet auch, eine ganze Reihe spezifischer Rißprobleme besser zu beschreiben. Wir denken zum Beispiel an Fragen der korrosiven Rißbeanspruchung (Spannungsrißkorrosion) bzw. an die Klärung des unterkritischen Rißwachstums in keramischen Werkstoffen sowie die Einbeziehung elektromagnetischer Feldwechselwirkungen [57].

6. *J*-Integral eines dielektrischen Mediums unter Einbeziehung elektrischer Felder

In Analogie zum vorangegangenen Abschnitt ist ein wegunabhängiges Umlaufintegral um die Rißspitze bei Anwesenheit eines elektrischen Feldes im dielektrischen Medium ableitbar.

Die elastische Energiedichte W wird ersetzt durch die Dichte der inneren Energie

$$J_k = -\int_{\Gamma+\Gamma_0} t_{ij} n_j u_{i,k} \, d\Gamma + \int_{A+A_0} \left(t_{ij} u_{i,jk} + \frac{1}{4\pi} E_i (e_{ij} E_j)_{,k} \right) dA - \int_A t_{ij,j} u_{i,k} \, dA \tag{8}$$

sowie die mechanische Spannung gemäß (9) korrigiert,

$$t_{ij} = t_{ij}^{(0)} + [(2e_0 - a_1) + (e_0 + a_2)\,\delta_{ij}]\, E_i E_j / 8\pi \,, \tag{9}$$

e_0 ist die dielektrische Permeabilität des nichtdeformierten Mediums. Der entsprechende Tensor des deformierten Mediums wird linear aus den Komponenten des Deformationstensor ε_{ij} kombiniert [48],

$$e_{ij} = e_0 \delta_{ij} + a_1 \varepsilon_{ij} + a_2 \varepsilon_{ll} \delta_{ij} \,, \tag{10}$$

$t_{ij}^{(0)}$ ist der Spannungstensor, bestimmt nach der üblichen Formel der Elastizitätstheorie. Der letzte Term in (8) berücksichtigt die dem elektrischen Feld entsprechende Volumenkraft $t_{ij,j}$. Die Fläche A schließt dabei die singuläre Rißspitze (A_0) aus.

7. Verallgemeinerungen des *J*-Integrals auf nichtelastisches Materialverhalten unter Einbeziehung von Volumenkräften, thermischen Energien, dynamischen Prozessen sowie einer Bruchprozeßzone

Auf Grund der hohen Werkstoffbeanspruchung in der Nähe der Rißspitze ist als wichtiger Umstand eine plastische Zone um die Rißfront zu berücksichtigen, die die im Rahmen der Elastizitätstheorie auftretenden Spannungssingularitäten abbaut. Nach neueren Erkenntnissen ist diese Zone weiter strukturiert. Das Materialverhalten innerhalb einer Prozeßzone in einem endlichen Gebiet um die Rißspitze ist durch kontinuumstheoretische Ansätze nicht beschreibbar. Hier spielen auch wichtige Fragen der Bruchphysik selbst eine Rolle, insbesondere, wenn man als eigentliche Prozeßzone strukturdominante Bereiche im Rißgebiet ansieht. Außerhalb dieses Gebietes bleibt die Kontinuumstheorie in ihrer konventionellen Form gültig.

Der entscheidende Fortschritt bei den integralen Rißkriterien der Bruchmechanik kommt dadurch zustande, daß sehr weit reichende Verallgemeinerungen des J-Integralkonzepts auf der Basis thermodynamischer Bilanzen möglich sind, die für die Universalität derartiger Kriterien sprechen.

Buggisch, Gross und Krüger [16], [17] sowie Kröner, Zorski [65] und Amestoy, Bui, Labbens [34] befassen sich mit der Ableitung vom Material unabhängiger Integralausdrücke, die sich aus Invarianzeigenschaften bzgl. Translation oder Rotation der allgemeinen kontinuumsmechanischen Bilanzgleichungen ergeben. Von besonderem Interesse für die Bewertung des Defektverhaltens ist dabei die Energiebilanz. Daneben lassen sich eine Reihe wegunabhängiger Integrale ermitteln (s. Ouyang [66]), die im Vergleich mit den Resultaten von Atluri [44], Atluri, Nishioka, Nakagaki [64], Aoki, Kishimoto, Sakata [67], Knowles, Sternberg [51] und Will [12] keine den Rißfortschritt beschreibende Kenngröße darstellen und damit nur von akademischem Interesse sein dürften. Die verwirrend große Zahl von Veröffentlichungen zum Thema: „Integrale Rißkriterien" führt zum Wunsch nach einem vereinheitlichenden, physikalisch begründbaren Prinzip der Ableitung und Überprüfung derartiger Integralausdrücke unabhängig von Belastung und Materialverhalten.

Grundlage dafür sind, wie bereits mehrfach erwähnt, Energie- bzw. Leistungsbilanzen. Für die Energieänderung δG pro Zeit bezogen auf eine infinitesimal schmale Schicht der Dicke innerhalb der Rißprozeßzone A_0 ergibt sich gemäß Will [12]

$$\lim_{\delta z \to 0} \frac{\delta G}{\delta z} \equiv \varphi = \int_{\Gamma+\Gamma_0} \dot{u}_i t_{ik} n_k \, d\Gamma - \int_A (\varrho_i \dot{u} \ddot{u}_i - f_i \dot{u}_i + t_{ij} \dot{u}_{i,j}) \, dA + \int_{A+A_0} (\dot{u}_i t_{iz})_{,z} \, dA + $$

$$+ \int_{A_0} \left[\varrho(\Theta \dot{\eta} - h) - \frac{\Theta_{,i}}{\Theta} q_i \right] dA + \int_{\Gamma_0} (v_k n_k + v_z)\, \varrho(k + e) \, d\Gamma \tag{11}$$

mit

$$\varrho\Theta\dot{\eta} = \varrho h + \frac{\Theta_{,i}}{\Theta} q_i - q_{i,i}\,, \qquad \varrho e = \int (t_{ij}\dot{u}_{i,j} - q_{i,i} + \varrho h)\,\mathrm{d}t\,.$$

Die Geschwindigkeit v beschreibt die Veränderung der Prozeßzone (Kontur Γ_0). t_{ik} ist der Spannungstensor nach Piola-Kirchhoff 1. Art. $\dot{u}_i$ steht für die Geschwindigkeit des Kontinuums mit der Dichte ϱ am betrachteten Ort. k,e,η entsprechen den spezifischen kinetischen und inneren Energien sowie der spezifischen Entropie. Die Größe f_i beschreibt mögliche Volumenkräfte, h berücksichtigt Wärmequellen, q_i steht für den Wärmestrom.

Die explizite Aufspaltung des Integrationsweges in $\Gamma + \Gamma_s$ (Normale $n = (n_1, n_2, 0)$) soll die Einbeziehung der möglicherweise belasteten Rißufer in das Wegintegral deutlich machen. Der Integrationsweg umschreibt die Flächen $A + A_0$. Besonders ist auf die Tatsache hinzuweisen, daß die Fläche A das innere Gebiet A_0 ausschließt. Punkte kennzeichnen die Raum-Zeit-Ableitung. Ausdruck (11) entspricht den Ergebnissen von AOKI et al. [67], wobei Letztere nicht von parallelen Schnitten $z =$ const. ausgehen, sondern sich auf Ebenen beziehen, die durch Normale und Tangente (Normalenvektor der Ebene) der gekrümmten räumlichen Rißfront definiert sind. Sie vernachlässigen dabei allerdings die Krümmung der Prozeßzone A_0 senkrecht zur Bezugsebene. Adiabatische bzw. isotherme stationäre Prozesse vorausgesetzt folgen aus (11) mit dem Grenzübergang zu infinitesimal kleinen, ebenen Prozeßzonen die Resultate von ATLURI [44] sowie ATLURI, NISHIOKA, NAKAGAKI [64],

$$\varphi \equiv J_k v_k = \lim_{\Gamma_0 \to 0} \int_{\Gamma_0} [(W + \varrho k)\, n_k - t_{ij} n_j u_{i,k}]\,\mathrm{d}\Gamma \tag{12}$$

mit $\mathrm{d}W = t_{ij}\,\mathrm{d}u_{i,j}$.

In seiner 3-dimensionalen Verallgemeinerung (der Integrationsweg Γ_0 ist durch eine, den gekrümmten räumlichen Riß umschreibende, toroidale Fläche zu ersetzen) besitzt (12) im Gegensatz zum lokalen Charakter von (11) globale Eigenschaften, die den Rißfortschritt einzelner Punkte der Rißfront nicht zu beschreiben vermögen. In ihren sehr interessanten und umfassenden Arbeiten [44], [64] wiesen ATLURI et al. nach, daß die integrale Energiebilanz (12) auch für nichtelastische Verformungen gültig ist. Alle Größen in (11) oder (12) beziehen sich dabei auf den unverformten Ausgangszustand; t_{ij} ist der Piola-Kirchhoff-Spannungstensor 1. Art.

$u_{i,j}$ steht für den entsprechenden Distortionstensor (nicht Deformationstensor). Die exakte Existenz des wegunabhängigen Integrals über den klassischen, elastischen Fall hinaus wurde ebenfalls nachgewiesen. Das zunächst für eingeschränkte Voraussetzungen definierte J-Integral ist auch für plastische Fließvorgänge wegunabhängig. Die Autoren möchten besonders auf die Bedeutung der Zustandsgröße W (innere Energie) hinweisen, die nur im Sonderfall elastischen, isothermen, adiabatischen Materialverhaltens mit der Deformationsenergiedichte identisch ist. Die zahlreichen technischen Näherungs- und Auswerteverfahren [8] für elastisch-plastisches Materialverhalten haben hier weitgehend ihren Ursprung in der expliziten Aufspaltung von W in elastische und plastische Anteile.

Mit der Existenz einer endlichen Prozeßzone um die Rißspitze wechselt das J-Integral seine inhaltliche Bedeutung. Es entspricht nunmehr dem Anteil der Energieänderung, der die Translation der Rißspitze zusammen mit der autonomen, unveränderlichen Prozeßzone beschreibt. Die Änderung der Energie in der Prozeßzone

$$\varphi = \hat{J}_k v_k + \omega_k \hat{L}_k + a\hat{M} + \hat{I} \tag{13}$$

summiert sich gemäß AOKI et al. [29], [67] aus mehreren Komponenten. Ein Anteil steht für die Energie, die durch die Rotation ω der endlichen Prozeßzone beim Abweichen vom geradlinigen Rißfortschritt verbraucht wird ($\hat{L}$-Integral). Ein weiterer Summand entspricht der Volumenänderung der Prozeßzone bei gleichbleibender geometrischer Form ($\hat{M}$-Integral). Eine letzte Komponente berücksichtigt Gestaltsänderungen der Prozeßzone und instationäre Prozesse ($\hat{I}$-Integral). Die explizite Aufspaltung der Energieänderung φ in die beschriebenen Anteile ist jedoch wenig praktikabel, da die zugehörigen wegunabhängigen Integrale auf lokal sich verschieden bewegenden Bezugssystemen beruhen, die eine direkte Zuordnung zwischen Zeitpunkt und Koordinaten im raumfesten Koordinatensystem bei großen Verformungen sehr schwierig gestalten. Die praktische Anwendung der Erkenntnisse aus [25], [67] stößt gegenwärtig auch deshalb auf Grenzen, da eine mathematisch exakte Definition von Γ_0 vorerst nicht vorliegt. ROSSMANITH [74] untersucht z. B. die Wechselwirkung eines Makrorisses mit einem benachbarten Mikroriß und definiert die Ausdehnung der Prozeßzone als den minimalen Abstand beider Risse bei dem in Abhängigkeit von Lage und Geometrie der Materialfehler noch kein Rißwachstum auftritt. Andere Autoren gehen, stationäres Rißwachstum vorausgesetzt, von der Identität zwischen Bruchprozeßzone und plastischer Zone aus.

Es erscheint uns günstiger, ein Bezugssystem zu wählen, daß sich mit dem Zentrum der Prozeßzone bewegt (Geschwindigkeit v^c). Isotherme, stationäre, adiabatische Prozesse angenommen, setzt sich die Energiefreisetzungsrate aus 2 unterschiedlichen Anteilen zusammen,

$$\begin{aligned}\varphi \equiv \tilde{J}_k v_k^c + \tilde{I}_k \Delta v_k = [&-\int_{\Gamma+\Gamma_s} u_{i,k} t_{ij} n_j\,\mathrm{d}\Gamma + \int_A (\varrho k_{,k} - f_i u_{i,k} + t_{ij} u_{i,jk})\,\mathrm{d}A + \int_{A+A_0} (u_{i,k} t_{iz})_{,z}\,\mathrm{d}A + \\ &+ \int_{\Gamma_0} (n_k + \delta_{kz})\,\varrho(k + e)\,\mathrm{d}\Gamma]\, v_k^c + \int_{\Gamma_0} (n_k + \delta_{kz})\,\varrho(k + e)\,\mathrm{d}\Gamma\,\Delta v_k\,.\end{aligned} \tag{14}$$

Das Skalarprodukt $\tilde{J}_k v_k^c$ entspricht der reinen Rißverlängerung, während der letzte Integralterm in (14) Veränderungen der Prozeßzone (Geschwindigkeit Δv_k im bewegten Bezugssystem) berücksichtigt.

Es existieren noch keine allgemein gültigen Erkenntnisse, innerhalb welcher Grenzen J allein seine Bedeutung als Bewertungsmaßstab für den Rißfortschritt im duktilen Material beibehalten kann. Unumstritten bleibt J bruchmechanische Kenngröße bei quasistatischen bzw. stationären Rißwachstumsprozessen.

Die zuletzt erwähnten wegunabhängigen Integrale $\hat{L}$, $\hat{M}$ sind auch bei singulärem Rißspitzenverhalten von Bedeutung, nämlich genau dann, wenn der Integrationsweg nicht nur die punktförmige Rißfront, sondern den gesamten Riß umläuft [26].

8. Parameter zur Beschreibung des Rißwachstumsverhaltens

Die Energiefreisetzungsrate wird i. a. zur Feststellung eines möglichen Rißfortschritts herangezogen. Es existiert jedoch eine Vielzahl von Fragestellungen, die das Verhalten des Risses während des eigentlichen Rißwachstums betreffen [6]. Als Beispiel sei auf das von Landes, Begley [45] eingeführte C^*-Integral zur Beschreibung viskoplastischer Kriechbruchvorgänge sowie auf den Tearing Modul [70] hingewiesen. Ersteres entspricht einer speziellen Modifizierung von (1), bei der die Komponente des Distortionstensors durch die entsprechenden Distortionsraten ersetzt werden. Das Integral fügt sich jedoch nicht in den Rahmen energetischer Bilanzen ein. Erst die thermodynamische Leistungsbilanz (11) liefert eine geeignete physikalisch begründbare Beanspruchungsgröße und eine entsprechende Motivation für deren Anwendungsbereich. Geht man von der Bedeutung der Energiefreisetzungsrate für die Initiierung des Rißfortschritts aus, so ergibt deren totale zeitliche Ableitung einen Parameter zur Beschreibung von temporären Veränderungen während des Rißwachstums.

Der Vergleich mit dem Parameter C^* ist unmittelbar gegeben im Fall ebenen isothermen oder adiabatischen, stationären Rißwachstums. Volumenkräfte werden vernachlässigt. Aus (11) folgt unter den genannten Einschränkungen:

$$\dot{\varphi} \equiv \dot{T}_k v_k = \int_{\Gamma+\Gamma_0} [t_{ij}\dot{u}_{i,j}n_k - t_{ij}n_j\dot{u}_{i,k}]\, v_k \,\mathrm{d}\Gamma + \int_{A+A_0} [-t_{ij,k}\dot{u}_{i,j} + \varrho\ddot{u}_i\dot{u}_{i,k}]\, v_k \,\mathrm{d}A \,. \tag{15}$$

Der Übergang zu einer inkrementellen Betrachtungsweise von (15) (Distortionsgeschwindigkeiten werden durch totale Differentiale der Elemente des Distortionstensors ersetzt) führt zu dem ΔT_k-Parameter von Atluri [44]. Eine energetisch motivierte Überprüfung des Parameters C^* ergibt Korrekturen gemäß (15). Stonesifer, Atluri [69] verglichen die Integrale C^*, ΔT_k und $\dot{T}_k$ unter Verwendung von FEM-Rechnungen. Sie setzten ein HRR [53, 54] ähnliches Verhalten, bezogen auf die Deformationsraten und Verschiebungsgeschwindigkeiten, voraus,

$$\dot{u}_i \sim \left(\frac{\dot{T}_1}{I^*}\right)^{n/(n+1)} r^{1/(n+1)}\tilde{u}_i(\Theta) \,. \tag{16}$$

Dabei wurde eine deutliche Wegabhängigkeit von C^* nachgewiesen, die bereits auf Grund der physikalisch begründeten Korrekturen (15) zu erwarten war. Diese Tatsache bedingt zum wiederholten Male den Hinweis, daß nur energetische, thermodynamisch begründete Bilanzen zu physikalisch sinnvollen Integralen Rißkriterien führen.

Abschließend wollen wir nicht unerwähnt lassen, daß die aus J und seinen Verallgemeinerungen abzuleitenden Kriterien selbst letztlich umfangreiche experimentelle Erfahrungen erfordern, die im Gebiet der Werkstoffprüfung liegen und nicht unmittelbar durch die Mechanik zu erbringen sind. Die Mechanik in Verbindung mit der Thermodynamik liefert nur geeignete Beanspruchungsgrößen und eine physikalische Begründung für deren Anwendung bzw. auch Grenzen für den Einsatzbereich. Die kritischen Werkstoffkennwerte selbst und damit letztlich auch der praktische Geltungsbereich der Konzepte als Rißkriterien lassen sich innerhalb der Festkörpermechanik nicht in selbstkonsistenter Weise ermitteln. Dazu sind bewährte Methoden und Verfahren der modernen Werkstoffprüfung notwendig [63] und möglicherweise auch neue, noch zu entwickelnde Tests.

Neben der Kopplung von mechanischen und thermischen Energien ist auch die Einbeziehung weiterer Prozesse in die integralen Rißkriterien denkbar, so z. B. die Berücksichtigung elektromagnetischer Felder [57], [60] chemischer Potentiale oder der spannungsinduzierten Diffusion [28]. Probleme der Mechanik der Diffusion von Defekten sind in vielen Realwerkstoffen von außerordentlicher Bedeutung und spielen folglich auch für die Rißproblematik eine langfristig nicht zu unterschätzende Rolle. Unmittelbar verbunden mit der konkreten Modellierung von Rißkonfiguration unter Verwendung integraler Rißkriterien ist die Stoffgesetzproblematik (konstitutive Gleichungen [25], [46], [59], da erst durch Kenntnis des Materialverhaltens die detailierte Bewertung rißbehafteter Realwerkstoffe möglich wird.

9. Energiedichtekriterium nach Watanabe, Energiedissipationskriterium nach Saka et. al.

Die Rißkriterien auf der Basis des J-Integrals und seiner Verallgemeinerungen gehen von der Energieumsetzung im Rißspitzengebiet aus. In der Literatur existieren jedoch weitere energetische Rißkenngrößen, von denen 2 Parameter im vorliegenden Überblick erwähnt werden sollen.

Watanabe [71], [72] entwickelte in den letzten Jahren das Energiedichtekonzept, das die Deformationsenergiedichte an der Rißspitze als Bewertungsparameter heranzieht. Saka und Mitarbeiter [73] verwenden dagegen die Rate der dissipierten Energie an der Rißfront als Bruchkriterium für ein stabiles Rißwachstum. Eine Entscheidung für oder gegen diese Kennwerte ist auf der Basis der Kontinuumstheorie ebenso wie für das J-Integral und seine Verallgemeinerungen nicht möglich. Die praktische Überprüfung und die Anwendung der teilweise umstrittenen Kriterien steht noch aus. Die Gültigkeit bzw. die Motivation der beiden genannten Kenngrößen scheint den Autoren dieses Beitrages fraglich, da verschiedene im Prozeß des Rißwachstums auftretende Energieanteile nicht berücksichtigt werden.

10. Vorteile der verallgemeinerten integralen Rißkonzepte

1. Die Integrale lassen sich alle aus einem einheitlichen Prinzip (Leistungsbilanz am Riß) herleiten.
2. Exakte Wegunabhängigkeit der Integrale ggf. unter Einbeziehung endlicher Prozeßzonen liegt vor.
3. Integralkonzepte basieren auf thermodynamischen Bilanzen, in die neben mechanisch-thermischen Kopplungseffekten auch weitere Feldwechselwirkungen einbezogen werden können.
4. Die Energieintegralkonzepte sind weitgehend unabhängig vom Materialverhalten und gelten daher für eine breite Klasse von Werkstoffen.
5. Die integralen Bruchkennwerte können bei Kenntnis der konstitutiven Gleichungen für beliebiges Materialverhalten konkretisiert werden.
6. Die verallgemeinerten J-Integrale sind nicht mehr an Einschränkungen, wie elastische Materialverhalten, ebene Rißkonfigurationen, kleine Verformungen, adiabatische oder isotherme Prozesse sowie quasistatisches Rißwachstum gebunden.
7. Es gibt eine Reihe numerischer sehr vorteilhafter Berechnungsverfahren, um J und seine Verallgemeinerungen direkt zu berechnen (z. B. Finite-Elemente-Technik [32], [47] und Randintegralmethoden [52]).

Literatur

1 HENNIG, K., Technische Sicherheit — zuviel Empirie, Spectrum **14** (1983) 3, 14—17.
2 BLUMENAUER, H., Sicherheit und Zuverlässigkeit in der Technik, Spectrum **14** (1983) 2, 1—4.
3 MICHEL, B.; INDENBOM, V. L., Mikromechanik-Mikrophysik-Bruchmechanik, Vortrag u. Proc. 1. Mechanik-Konferenz der DDR, Karl-Marx-Stadt 31. 10.—4. 11. 1983.
4 HENNIG, K., Reliability of mechanical systems to stochastic excitations, Vortrag IUTAM Symp. on Random Vibrations and Reliability. 31. 10.—6. 11. 1982, Frankfurt/Oder.
5 WINKELMANN, O., Beitrag zur bruchmechanischen und werkstoffkundlichen Deutung der Bruchvorgänge in der Wärmeeinflußzone eines Stahles StE 460, VDI-Forschungsheft 606 (1981).
6 KANNINEN, M.; POPELAR, C. H.; BROEK, D., A critical survey on the application of plastic fracture mechanics to nucliar pressure vessels and piping, Nucl. Engng. Des. **67** (1981), 27—55.
7 SCHWALBE, H. K., Bruchmechanik metallischer Werkstoffe, Carl Hanser Verlag, München und Wien 1980.
8 SCHWALBE, K. H., Theoretische und experimentelle Untersuchungen zum COD-Konzept und J-Integral, Fortschr.-Ber. VDI-Z. Reihe 18 (1981) 10.
9 XIAO, Y. G.; HUANG, G. H., On the compatibility between J-Integral and crack opening displacement, Eng. Fract. Mech. **16** (1982) 1, 81—94.
10 GURTIN, M. E., On a path-independent integral for thermo-elasticity, Int. J. Fracture **15** (1979) R 169—R 170.
11 MICHEL, B.; WILL, P., Über Energieintegral-Konzepte der Bruchmechanik, Problemseminar Bruchmechanik II, Geising 18.—22. 4. 1983 TU Dresden, WBZ Festkörpermechanik.
12 WILL, P., Energy release rate for 3-dimensional ductile crack configuration, Z. angew. Math. Mech. **64** (1984), 8, 367—368.
13 MICHEL, B.; GRÜNDEMANN, H., Crack temperature rise due to crack propagation in visco-plastic materials, Cryst. Res. Technol. **18** (1983) 5, 609—613.
14 MICHEL, B.; SOMMER, P.; GRÜNDEMANN, H., Simulation of temperature fields induced by crack propagation, Exp. Techn. d. Physik **32** (1984) 1, 71—81.
15 PALMER, A. C.; RICE, J. R., The growth of slip in progressive failure of over-consilidated clay. Proc. Roy. Soc. Lond. A 332 (1973), 527—548.
16 BUGGISCH, H.; GROSS, D.; KRÜGER, K. H., Einige Erhaltungssätze der Kontinuumsmechanik vom J-Integral-Typ, Ing.-Archiv **50** (1981), 103—111.
17 GROSS, D., Large plastic deformations in the surrounding of a crack, Boletin Acad. Nac. Ciencias Cordoba, Argentina **54** (1980) 1, 37—49.
18 RICE, J. R., A path independent integral and the approximate analysis of strain concentration by notches and cracks, J. Appl. Mech. **35** (1968), 379—386.
19 TSCHEREPANOV, G. P., O rasprostranenii trechtschin v sploschnoj srede, Prokl. Mat. Mech. **31** (1967), 476—488.
20 NGUYEN, Q. S., Methodes energetiques en mecanique de la rupture, J. Mecanique **19** (1980) 2, 364—386.
21 NIKOLAEVSKI, V. N., Fracture criterion for inelastic solids, Int. J. Eng. Sci. **20** (1982) 2, 311—318.
22 AOKI, S.; KISHIMOTO, K.; SAKATA, M., Energy-release rate in elastic-plastic fracture problems, J. Appl. Mech. **48** (1981) 4, 825—829.
23 LUXMORE, A.; LIGHT, M. F.; EVANS, W. T., A comparison of energy-release rates, the J-integral and crack opening displacements, Int. J. Fracture **13** (1977), 257—259.
24 BUI, H. D.; EHRLACHER, A.; NGUYEN, Q. S., Propagation de fissure on thermoelasticits dynamique, J. Mecanique **19** (1980) 4, 698—723.
25 RIEDEL, H.; RICE, J. R., Tensile cracks in creeping solids, ASTM STP 700 (1980), 112—130.
26 HERRMANN, A. G.; HERRMANN, G., On energy-release rates for a plane cracks, J. App. Mech. **48** (1981), 525—528.
27 MIYAMOTO, H.; KIKUCHI, M., Evaluation of the three-dimensional J-integral of the CT-specimen in elastoplastic states, 6. Int.-Conf. on Structural Mechanics in Reactor Technology (SMIRT), vol. 6/4 (1981).
28 AIFANTIS, E. C.; GERBERICH, W. W., A path-independent integral for symmetric stress-diffusion fields surrounding line cracks, Fracture 77, ICFA, vol. 3. Canada, June 19—24 (1977) MS210—MS266.
30 MICHEL, B., Über das Wechselverhältnis von Kontinuumsmechanik und Strukturphysik fester Körper, Fortschritte der Physik **30** (1982) 5, 233—317.
31 MICHEL, B.; AUERSPERG, J.; MICHAEL, D.; SOMMER, P.; WILL, P., A note on crack propagation, micromechanics of defects and crack tip temperature fields, 7. Int. Coll. on Mechanical Fatigue of Metals, Miscolc, Ungarn und Publ. TU Miscolc.
32 ROSSMANITH, H. P. (ed.) Finite Elemente in der Bruchmechanik, Springer-Verlag, Wien, New York 1982.
33 ACHENBACH, J. D.; BURGERS, P.; DUNAYEVSKY, V., Near-tip plastic deformations in dynamic fracture problems in: Nonlinear and dynamic fracture mechanics, ed. N. PERRONE and S. N. ATLURI, AMD vol. 35, New York, ASME 1980.
34 AMESTOY, M.; BUI, H. D.; LABBENS, R., On the definition of local path-independent integrals in three-dimensional crack problems, Mech. Res. Comm. **8** (1981) 4, 231—236.
35 AOKI, S.; KISHIMOTO, K.; SAKATA, M., Elastic-plastic analysis of crack in thermally loaded structures, Eng. Fract. Mech. **16** (1982) 3, 405—413.
36 BEGLEY, B. A.; LANDES, J. D., The J-integral as a fracture criterion, ASTM STP **14** (1972) 1—20.
37 MC. MEEKING, R. M., Path dependends of the J-integral and the role of J as a parameter characterizing the near-tip field, in: Flow growth and fracture, ASTM STP **631** (1977) 28—41.

38 Miyamoto, H.; Kikuchi, M., Three-dimensional $\hat{J}$-integral, Theor. Appl. Mech. 28 (1980), 195–204.
39 Rice, J. R., The mechanics of earthquake rupture, in: Physics of the Earth's interior, ed. A. M. Dziewonski and E. Bosh, North Holl. Publ. co. 1980 Amsterdam, S. 533–649.
40 Shih, C. F., Relationship between the J-integral and the crack opening displacement for stationary and extended cracks, J. Mech. Phys. Solids 29 (1981) 4, 305–326.
41 Turner, C. E., The J-estimation curve, R-curve, and tearing resistance concepts leading to a proposal for a J-based design curve against fracture, Welding Inst. paper No 17 (1981) London, Nov. 1981.
42 Turner, C. E., A J-based engineering usage of fracture mechanics, Advances in fracture research, ICF 5, Cannes, Frankreich 29. 3.–3. 4. 1981.
43 Wilson, W. K.; Yu, T. W., The use of the J-integral in thermal stress problems, Int. J. Fracture 15 (1979) 4, 377–387.
44 Atluri, S. N., Path-independent integrals in finite elasticity and inelasticity with body forces, inertia, and arbitrary crack face conditions, Eng. Fract. Mech. 16 (1982) 3, 341–364.
45 Landes, J. D.; Begley, J. A., A fracture mechanics approach to creep crack growth, ASTM STP 590 (1976) 128–148.
46 Mc Cartney, L. N., On the energy balance approach to fracture in creeping materials, Int. J. Fract. 19 (1982), 99–113.
47 Morozow, E. M.; Nikishkov, G. P., Metod konetschnych elementov v mechanike razrushenija, Moskva (1980), 59–69.
48 Landau, L. D.; Liftschitz, E. M., Elektrodynamik der Kontinua, Berlin (1967), 83–84.
49 Eftis, J.; Jones, D. L.; Liebowitz, H., On fracture toughness in the nonlinear range, Eng. Fract. Mech. 7 (1975), 491–503.
50 Eshelby, J. D., The continuum theory of lattice defects, Solid State Phys. 3, Acad. Presse, New York 1956.
51 Knowles, J. K.; Sternberg, E., On a class o conservation laws in linearized and finite elastostatics, Arch. Rat. Mech. Anal. 44 (1972), 187–211.
52 Gründemann, H., Randintegralmethoden — eine Übersicht zur numerisch rechentechnischen Realisierung, FMC-Reihe, AdW, Institut f. Mechanik (1985) Heft 14.
53 Hutschinson, J. W., Singular behavior at the end of a tensile crack in a hardening material, J. Mech. Phys. Solids 16 (1968) 1, 13–31.
54 Rice, J. R.; Rosengren, Plane strain deformation near a crack tip in a power-law hardening material. J. Mech. Phys. Solids 16 (1968), 1–12.
55 Michel, B., Zum Verhältnis von Festkörpermechanik und Festkörperphysik, Vortrag vor der Klasse Werkstoffwissenschaft der Akademie der Wissenschaften, Jan. 1983, Mitteilung aus Plenum und Klassen.
56 Will, P.; Michel, B.; Totzauer, W., Moderne Integralkriterien der Bruchmechanik — Verallgemeinerung des J-Integrals nach Rice, Gerlands Beiträge zur Geophysik 94 (1985) 3, 1–5.
57 Parkus, H. (ed.), Electromagnetic interactions in elastic solids, Springer-Verlag, Wien, New York (1979).
58 Eshelby, J. D., The elastic energy-momentum tensor in nonlinear elastostatics, J. Elasticity 5 (1975), 244–258.
59 Nemat-Nasser, S. (ed.), Three-dimensional constitutive relations and ductile fracture, Proc. IUTAM symp., Dourdan, Frankreich, 2.–5. 6. 1980, North-Holland, Publ. co. Amsterdam 1981.
60 Farat, K., Stress and electromagnetic field near a cracktip in elastic dielectric with dispersion, Bull Acad. Polon. Sci. Sci. techn. 27 (1979) 12, 495–504.
61 Sakata, M.; Aoki, S.; Kishimoto, K.; Kanzawa, H.; Ogure, N., Effects of thickness on J-integral in structures, Elastic-Plastic Fracture: Second Symposium, Vol. I-Inelastic crack analysis ASTM STP 803 (1983) I425–I443.
62 Sakata, M.; Aoki, S.; Kishimoto, K.; Takagi, R., Distribution of crack extension force, the J-integral, along a through crack front of a plate, Int. J. Fract. 23 (1983), 187–200.
63 ASTM E 813-81, Standard test for J_{IC}, a measure of fracture toughness, Annal Bock of ASTM Standards Part 10 (1981) 810 to 828.
64 Atluri, S. N.; Nishioka, T.; Nakagaki, M., Recent studies of energy integrals and their applications, Advances in fracture research ICF 6, India, December 4-10 (1984) Vol. 1, 181–209.
65 Kröner, E.; Zorski, H., Balance laws and surface (path) independent integrals for bodies with cracks, Theor. Appl. Fract. Mech. 1 (1984), 249–256.
66 Ouyang, C., On path-independent integrals and fracture criteria in non-linear fracture dynamics, Int. J. Non-Linear Mechanics 18 (1983) 1, 79–86.
67 Aoki, S.; Kishimoto, K.; Sakata, M., Energy flux into process region in elastic-plastic fracture problems, Engng. Fract. Mech. 19 (1984) 5, 827–836.
68 Batte, A. D.; Blackburn, W. S.; Elsender, A.; Hellen, T. K.; Jackson, A. D., A comparison of J-integral with other methods of post field fracture mechanics, Int. J-Fract. 21 (1983), 49–66.
69 Stonesifer, R. B.; Atluri, S. N., On a study of the $(\Delta T)_c$ and C^* integral for fracture analysis under non-steady creep, Engng. Fract. Mech. 16 (1982) 5, 625–643.
70 Paris, P. C.; Tada, H.; Zahoor, A.; Ernst, H., The theory of instability of tearing mode of elastic-plastic crack grouth, Elastic-Plastic Fracture, ASTM STP 668 (1979), 5–36.
71 Watanabe, K., New proposal of crack energy density concept as a fundamental fracture mechanics parameter, Bull. JSME 24 (1981) 198, 2059–2066.
72 Watanabe, K., On the crack energy density and energy release rate for an elasto-plastic crack, Bull. ISME 26 (1983) 215, 747 to 754.
73 Saka, M.; Shoji, T.; Takahashi, H.; Abe, H., A criterion based on crack-tip energy dissipation in plane-strain crackgro wth under large-scale yielding. Elastic-plastic Fracture ASTM STP 803 (1983), I 130–I 158.
74 Rossmanith, H. P., Modelling of fracture process zones and singularity dominated zones, Engng. Fract. Mech. 17 (1983) 6, 509–525.
75 Schapery, R. A., Correspondence principles and a generalized J-integral for large deformation and fracture analysis of viscoelastic media, Int. J. Fract. 25 (1984), 195–223.

Eingegangen am 25. Juni 1985

Anschrift: Prof. Dr. sc. nat. B. Michel, Dr. rer. nat. P. Will, Akademie der Wissenschaften der DDR, Institut für Mechanik, DDR-9010 Karl-Marx-Stadt, PSF 408

ZAMM · Z. angew. Math. Mech. 66 (1982) 2, 73–81

BABITSKY, V. I.; LANDA, P. S.; OL'KHOVOI, A. F.; PERMINOV, S. M.

Stochastic Behaviour of Auto-Oscillating Systems with Inertial Self-Excitation

Es wird das stochastische Verhalten selbstschwingender Systeme mit trägheitsbedingter Selbsterregung untersucht. Wie schon früher gezeigt wurde, existieren in Abhängigkeit vom Charakter der nichtlinearen Glieder der Differentialgleichungen in solchen Systemen zwei Mechanismen zur Erregung stochastischer Eigenschwingungen. Beide Mechanismen werden mittels numerischer Methoden studiert, die den gesamten Komplex der Kriterien dafür ausnutzen, daß die Schwingungen stochastisch sind. Der Einfluß äußerer periodischer Kräfte auf die studierten Systeme wird ebenfalls untersucht.

In this paper the stochastic behaviour of self-oscillating systems with inertial self-excitation is investigated. As was already shown there exist two mechanisms for the excitation of stochastic self-oscillation in such systems which depend on the type of the nonlinear terms in the corresponding differential equations. Both mechanisms are studied by means of numerical methods using the whole complex of criteria that oscillations have stochastic character. The influence of external periodic forces to the systems under investigation is studied, too.

Исследуется стохастическое поведение автоколебательных систем с инерционным самовозбуждением. Как уже было показано ранее, в зависимости от характера нелинейных членов дифференциальных уравнений в таких системах существует два механизма возбуждения стохастических автоколебаний. Оба механизма изучаются с помощью цифровых методов с использованием всего комплекса критериев стохастичности колебаний. Исследуется также влияние внешней периодической силы на изучаемые системы.

1. Auto-oscillating system with inertial self-excitation

Paper [1] deals with a class of auto-oscillating systems called *systems with inertial self-excitation* because auto-oscillations in them are excited by inertial interaction between dynamic variables. Inertial excitation is inherent only in systems described by differential equations of an order greater than two. An example of the simplest system of this class is the system [1, 2] described by differential equations of the type

$$\ddot{x} + 2\delta\dot{x} + \omega_0^2 x = -ky + f(x, \dot{x}, y)\,, \qquad \dot{y} + \gamma y = ax + \varphi(x, \dot{x}, y) \tag{1}$$

where δ is a damping factor, ω_0 the eigenfrequency of small oscillations in x for $y = 0$; k, a are coefficients which characterize the linear interaction between the variables (for the sake of definiteness, k is assumed positive), γ is the reciprocal of the constant time of variation of the variable y, describes the degree of inertial interaction between the variables, $f(x, \dot{x}, y)$ and $\varphi(x, \dot{x}, y)$ are nonlinear functions such that

$$f = f_x = f_{\dot{x}} = f_y = \varphi = \varphi_x = \varphi_{\dot{x}} = \varphi_y = 0$$

for $x = \dot{x} = y = 0$.

Depending on the type of $f(x, \dot{x}, y)$ and $\varphi(x, \dot{x}, y)$, either periodic or stochastic auto-oscillations may occur in system (1). Periodic auto-oscillations for some types of nonlinearity are investigated in [2]. In the present paper we consider stochastic auto-oscillations.

As will be shown below, depending on the type of nonlinear functions $f(x, \dot{x}, y)$ and $\varphi(x, \dot{x}, y)$, two types of mechanisms are possible for exciting stochastic auto-oscillations in system (1). Furthermore, both these mechanisms will be demonstrated for non-linearities of the type:

$$f(x, \dot{x}, y) = -gxy\,, \qquad \varphi(x, \dot{x}, y) = lx^2 \tag{A}$$

$$f(x, \dot{x}, y) = -nx^3\,, \qquad \varphi(x, \dot{x}, y) = -lx^2 - hx^3\,. \tag{B}$$

For case (A), the function $f(x, \dot{x}, y)$ describes the $x - y$-interaction which can be called *parametric* because y-oscillations contain phase-shifted second harmonic of x-oscillations. The term lx^2 in the second equation of (1) is responsible for frequency doubling and the phase shifts due to inertial interaction between x and y. Since the interaction between the variables is parametric, stochastic auto-oscillations in the system may be generated via either soft or hard excitation. The second excitation mechanism corresponding to case (B) is called (contrary to case (A)) *forced*.

System (1) with nonlinearities of the type (A) (1A) or B (1B) has either one ($x_0 = \dot{x}_0 = y_0 = 0$) or three singular points, depending on the parameters. The coordinates of nonzero singular points are:

for case (A)

$$x_{1,2} = \frac{1}{2lg}\{-(ag + lk) \pm [(ag + lk)^2 - 4gl(\omega_0^2\gamma + ka)]^{1/2}\}\,,$$

$$\dot{x}_{1,2} = 0, \qquad y_{1,2} = \frac{1}{\gamma}(lx_{1,2} + ax_{1,2}^2)\,,$$

for case (B)

$$x_{1,2} = \frac{k}{2(\gamma n - hk)}\left\{-l \pm \left[l^2 - 4\left(\frac{\gamma n}{k} - h\right)\left(a + \frac{\gamma\omega_0^2}{k}\right)\right]^{1/2}\right\},$$

$$\dot{x}_{1,2} = 0\,, \qquad y_{1,2} = -\frac{1}{k}(\omega_0^2 x_{1,2} + nx_{1,2}^3)\,.$$

According to the Routh-Hurwitz criterion, the condition for the i-th singular point ($i = 0, 1, 2$) to be unstable is

$$2lgx_i^2 + (ak + 2lk)\, x_i + ak + \gamma\omega_0^2 + g\gamma y_i < 0\,, \tag{2A}$$

$$[3hk + 3\gamma n]\, x_i^2 - 2lx_i - ak - \gamma\omega_0^2 > 0\,, \tag{2B}$$

the conditions of aperiodic instability for cases (A) and (B)

$$2lgx_i^2 + (ag + 2lk)\, x_i + ak - 2\delta(\omega_0^2 + \gamma^2 + 2\delta\gamma) - 2\delta g y_i > 0\,, \tag{3A}$$

$$[3hk + 6\delta n]\, x_i^2 - 2lkx_i + 2\delta(\omega_0^2 + \gamma^2 + 2\delta\gamma) - ak < 0\,, \tag{3B}$$

the conditions of oscillating instability for cases (A) and (B).

Calculation by (2) and (3) has shown that there are large regions in the parameter space that contain only unstable singular points. Equations (1) were integrated with an accuracy of $10^{-5} - 10^{-6}$ by fourth order Runge-Kutta method, using automatic integration step selection. Results were verified with the help of calculations made with higher accuracy. The spectrum was computed from 4096 points of time realization with different time steps.

2. Parametric Mechanism of Stochastic Auto-oscillations

We studied the behaviour of the solutions of system (1A) in the instability regions of all singular points in two-dimensional sections of the parameter space. When the parameters are varied, the solution changes from periodic to iregular one. The regions of irregular solutions are shaded in Fig. 1. In these regions the singular points are of the following types: points 0 and 2 are of saddle-focus type and point 1 may either be of saddle-focus or of saddle-knot type.

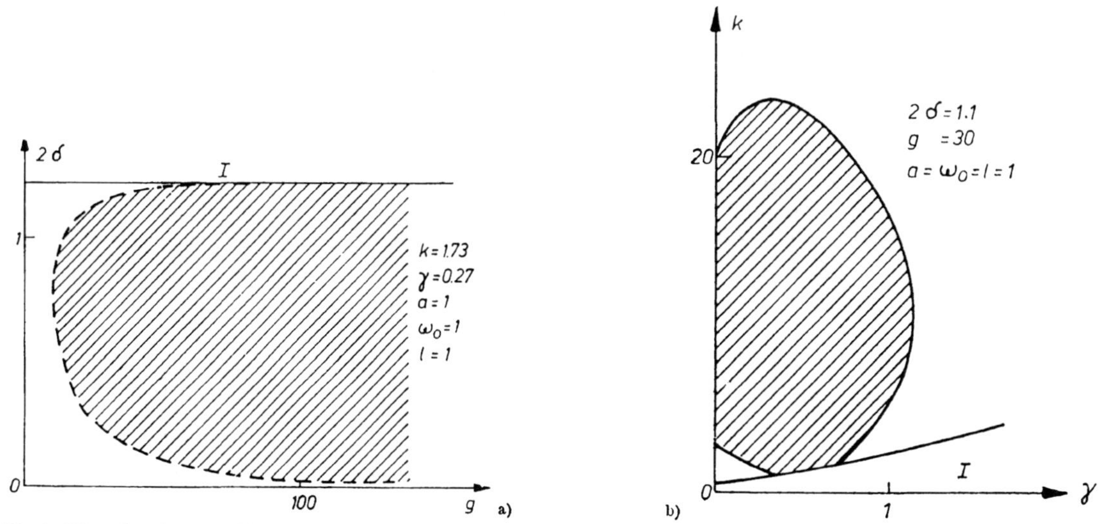

Fig. 1. Bifurcations in stochasticity domain in parameter space. I stands for stability of singular point (0, 0, 0)

It should be noted that for the values of other parameters considered, the solutions of (1A) are irregular only for nonzero g. The regions of irregular solutions of system (1) may be attributed both to the stochastic and to the chaotic dynamics of the system. If the system exhibits irregular behaviour for any calculation accuracy (computer calculation accuracy), the system is stochastic, and if the irregular behaviour vanishes with increasing computation accuracy, the system is called chaotic [18]. In our experiments we did not observe any relation between the solution of (1) and computation accuracy: so we assumed that the system is stochastic. Accordingly, irregular solution of system (1) is also called stochastic.

For a process to be stochastic it is sufficient that its spectrum is continuous and the autocorrelation function is decreasing to zero. However, it is not possible to study analytically every stochastic system: moreover, the results of numerical and physical experiments are always „finite". Therefore, both these conditions cannot be verified experimentally and it is better to use as many criteria as possible to infer whether a process is stochastic or not. Having this point in view, we studied the stochastic solutions of system (1).

1. In the regions of the parameter space where the solution of (1A) is stochastic, the autocorrelation function sharply decreases. A typical autocorrelation function is plotted in Fig. 2A, and the spectral density of the process computed by FFT algorithm in Fig. 2B. Clearly, the spectrum is continuous with several small distinct peaks.

2. For a dynamical system to be stochastic it is necessary that all or almost all its phase trajectories are locally unstable. Let $u(\tau)$ be a trajectory in the phase space of the dynamical system for the initial conditions $u(\tau_0)$, $|\delta u(\tau_0)|$ a small perturbation of the initial point $u(\tau_0)$, and $|\delta u(\tau)|$ the distance between the initial trajectory and the disturbed trajectory at time τ. Then for an unstable trajectory in a bounded region of the phase space, the value of $|\delta u(\tau)|$ will increase till it becomes equal to the attractor size at time $\tau = \tau^*$. Let us take $T = \tau - \tau_0$ where $\tau \gg \tau^*$. Subdivide the interval T into n subintervals and let $\tau^0 = T/n$, $\tau_i = i\tau^0$ $(1 \leq i \leq n)$. At the instant τ^0 the distance between the

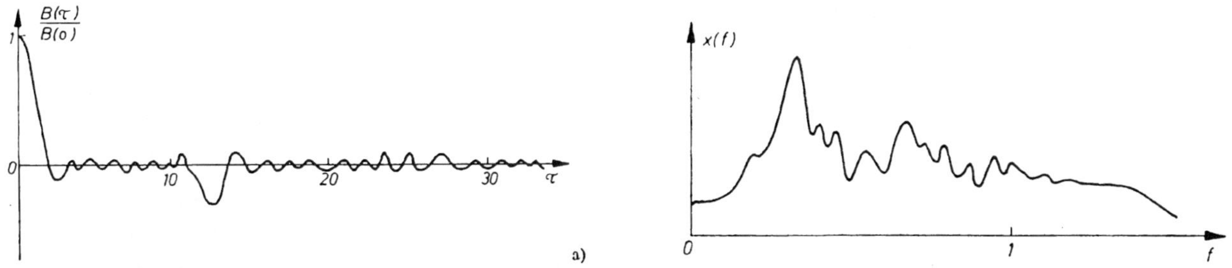

Fig. 2. Auto-correlation function (a) and spectrum (b) of process $x(t)$ for $2\delta = 1.1$, $g = 30$, $k = 1.73$, $\gamma = 0.27$, $a = \omega_0 = l = 1$

initial and disturbed trajectories is $|\delta u_1(\tau_1 - \tau_0)|$. We now take this instant as the initial instant and consider the initial and newly disturbed trajectories separated by a distance $|\delta u(\tau_0)|$ at the instant $\tau_1 - \tau_0$. After a lapse of time $\tau_2 = 2\tau^0$, the distance between these two trajectories will be equal to $|\delta u_2(\tau_2 - \tau_1)|$. At the i-th step the new initial condition for the initial trajectory is $u(\tau_{i-1})$ and the distance between these two trajectories is $|\delta u_i(\tau_i - \tau_{i-1})|$ (see Fig. 3a). Following [4], we consider the quantity

$$K_n(\tau^0, u(\tau_0), |\delta u(\tau_0)|) = \frac{1}{n\tau^0} \sum_{i=1}^{n} \ln \frac{|\delta u_i(\tau_i - \tau_{i-1})|}{|\delta u(\tau_0)|}.$$

It can be shown that if $|\delta u(\tau_0)| \ll |\delta u(\tau^*)|$ and $T \gg \tau^* - \tau_0$, then

$$\lim_{n\to\infty} K_n(\tau^0, u(\tau_0), |\delta u(\tau_0)|) = K_M$$

does not depend on τ^0, on $|\delta u(\tau_0)|$ and on the choice of $u(\tau_0)$. The quantity K_M can be identified with the Kolmogorov metric entropy [5] accurate to an error which tends to zero with $|\delta u(\tau_0)|$ for all $|\delta u(\tau_0)|$.

Figure 3b shows the metric entropy as a function of g. Obviously, it steeply increases on the boundary of the stochasticity region. Since g changes discretely, it is quite possible that the solution may be periodic in the stochasticity region if the variation step of g is sufficiently small. No such solutions have been found in the interval $27 \leqq g < < 55$ with a step equal to 0.2.

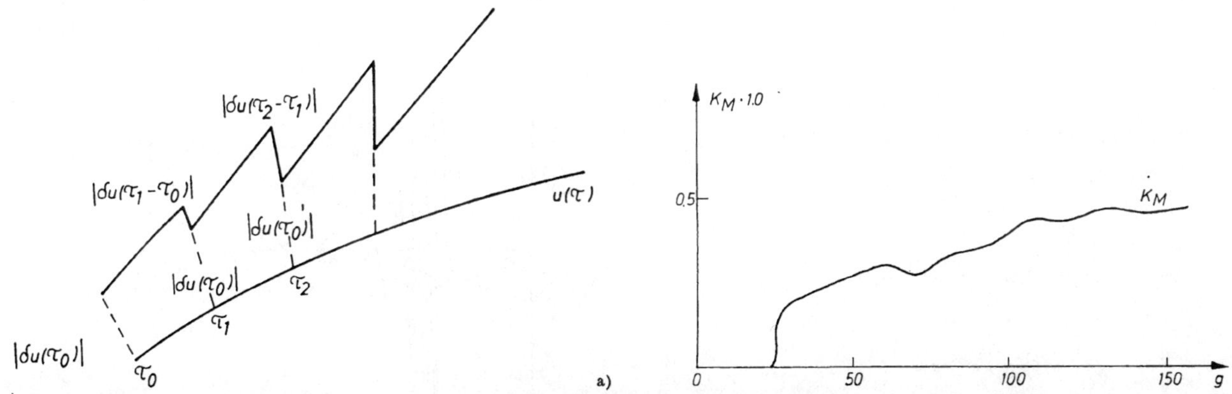

Fig. 3. Topological and metric entropies versus g: $2\delta = 1.1$, $k = 1.73$, $\gamma = 0.27$, $a = \omega_0 = l = 1$, $|\delta u(\tau_0)| = 0.001$, $\tau^0 = 0.1$, $n = 2000$

3. Numerical experiments have shown that the decrease in the phase volume of system (1A) is not a result of overall compression: on the contrary, compression in certain directions in the stochasticity region leads to extension in other directions. Bifurcation of the birth of strange attractors in the phase space of system (1A) is accompanied by a sharp (by 20 to 40 times) stretching of the Poincare map of the plane $x = 0$: it becomes a narrow strip with a Kantor transverse structure. Hence the two-dimensional Poincare map can be approximated by a one-dimensional transformation as in [6].

Let us now consider the Poincare map of the plane $x = 0$. In the stochasticity region, as was already pointed out, the map is a narrow strip along $\dot{x}$; the Lamerey diagram $|\dot{x}| = F(|\dot{x}|)$ can therefore be easily constructed (see Fig. 4).

4. Recent investigations have revealed that if a dynamical system can be reduced to one-dimensional mapping of the interval into itself, one of the possible mechanisms for the generation of strange attractors in the phase space is the Feigenbaum mechanism, namely, stochastization resulting from unending bifurcations of doubling of the period (In this case periodic motion becomes unstable when the multiplicator of the cycle passes through (—1) [10]) [9].

FEIGENBAUM has shown that for a broad class of point mappings the difference between the values of g at which bifurcations occur asymptotically tends to zero, and

$$\frac{g_n - g_{n-1}}{g_{n+1} - g_n} = \Phi_n, \qquad \lim_{n\to\infty} \Phi_n = \Phi = 4.6692\ldots$$

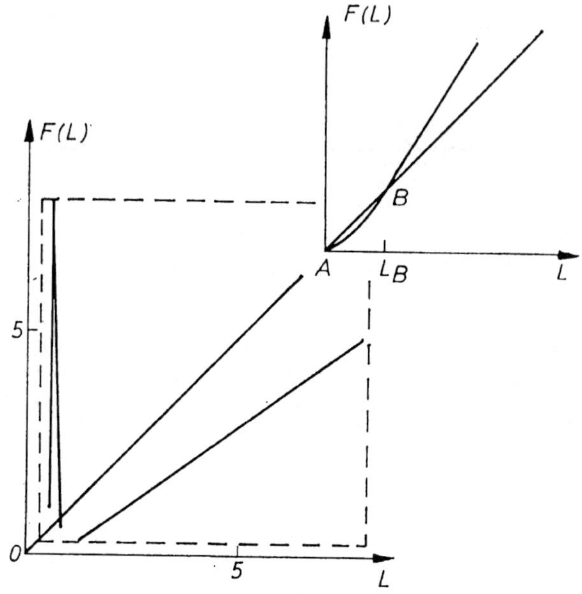

Fig. 5. Lamerey diagram for $2\delta = 1.1$, $g = 30$, $k = 1.9245$, $\gamma = 0.5$, $a = \omega_0 = l = 1$

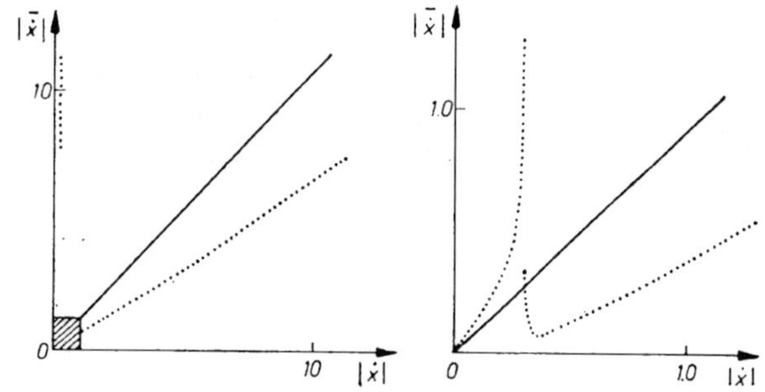

Fig. 4. Lamerey diagram for $2\delta = 1.1$, $g = 30$, $k = 1.73$, $\gamma = 0.27$, $a = \omega_0 = l = 1$

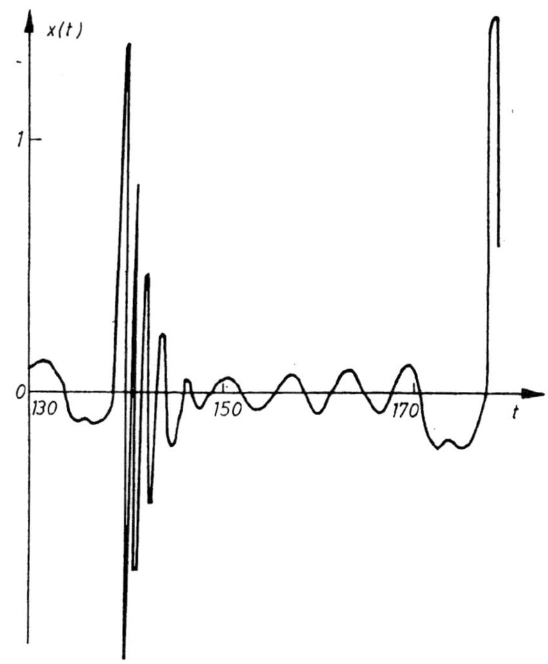

Fig. 7. Realization of process $x(t)$ for $2\delta = 1.1$, $k = 2$, $g = 30$, $\gamma = 0.5$, $a = \omega_0 = l = 1$

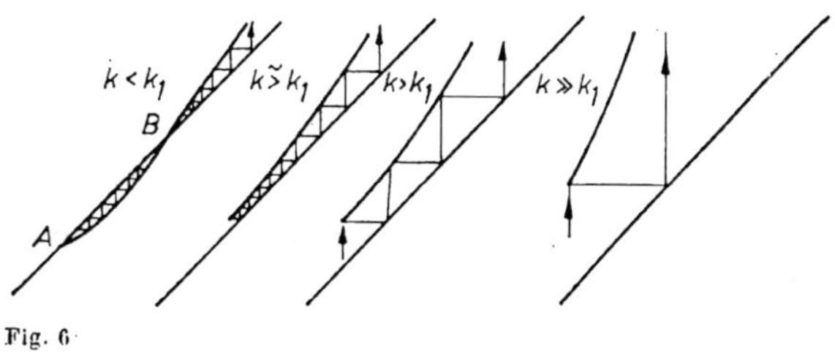

Fig. 6

where n is the serial number of bifurcation. We could observe the birth of the first five bifurcations of subharmonics for $2\delta = 1.1$, $k = 1.73$ and $\gamma = 0.27$, and obtained the following sequence of bifurcational values for the parameter g:

$$g = \{15.66, 24.07, 25.5, 25.8, 25.86\} .$$

This sequence yields the following sequence of Φ_n:

$$\Phi_n = \{5.88, 4.767, 4.761\} .$$

One may suppose that $\Phi_n \to \Phi$ with increasing number of bifurcations.

5. Besides soft excitation via period doubling bifurcations, stochastic auto-oscillations may also be generated in the system via hard excitation. Under hard excitation two attractors (two attracting sets) exists in the phase space of the system: a stable point at the origin and a strange attractor. Depending on the initial conditions, a trajectory may hit either the region of attraction of the stable point or the region of the strange attractor. A similar situation also holds for the solutions of the Lorenz equation [13]. The shaded area in Fig. 1b is the stochasticity region in the section of the parameter space made by the plane $k - \gamma$. For a fixed $\gamma = 0.5$, let us vary the parameter

k. In the interval $k_2 < k < k_1$, where $k_1 \cong 2.06$ and $k_2 \cong 1.91$, the phase space contains two attractors: a stable point at the origin and a strange attractor. In order to understand the mechanism by which a system becomes stochastic, let us study the Poincare mapping of the plane $x = 0$ into itself rather than the behaviour of the trajectories in the three-dimensional phase space. As already has been noticed, in the strange attractor region this mapping is a narrow strip and therefore can be approximated by a one-dimensional mapping $L_{n+1} = F(L_n)$, where L_n is the coordinate reckoned along this strip [6]. The mapping $L_{n+1} = F(L_n)$, shown in Fig. 5 for $k = 1.9245$ $(k_2 < k < k_1)$, intersects the bisectrix at two points (A and B). Point A corresponds to the stable singular point at the origin of the phase space and it is an attractor. Point B corresponds to unstable cycle in the phase space of system (1) which separates the attraction regions of the singular point at the origin and of the strange attractor. In Fig. 5 the region of the strange attractor is shown by a broken line. In general the mapping in the region of the strange attractor is a contraction and has no fixed points. For $k = k_1$, points A and B coincide, this means that the unstable cycle and stable singular point coincide (In this mapping the multiplicator passes through (+1) [10].) — point A loses stability and there remains only one strange attractor in the phase space of system (1). The mappings of A and B for $k < k_1$, $k \gtrsim k_1$, $k > k_1$ and $k \gg k_1$ are shown in Fig. 6.

It is clear from Fig. 6 that for $k \gtrsim k_1$ the mapping is almost parallel to the bisectrix. A point after hitting this interval remains there for quite a long time: this corresponds to a large number of oscillations with almost constant amplitude; thus there emerge regions of regular behaviour which are intermitted by stochasticity regions [11, 12]. Figure 7 shows an interval of $x(t)$ characteristic for this kind of stochastic motion. In the spectrum of intermittent stochasticity the peaks are shifted toward low frequency region compared with the spectrum of stochastic oscillations induced by period doubling bifurcations. With increasing value of k, as is clear from Fig. 6, the regular phase duration decreases and intermittence vanishes.

Note that under hard excitation intermittence is not necessarily arising. An example is the Lorenz system with a small Rayleigh number [13]. However, intermittence can arise only under hard excitation of stochastic oscillations.

6. In formulating the problem we have confined ourselves only to the simplest types of the functions $f(x, \dot{x}, y)$ and $\varphi(x, \dot{x}, y)$. However, it is worth to investigate how an additional nonlinearity would influence the dynamics of our system. Therefore we studied two more types of the function $f(x, \dot{x}, y)$:

$$f_1(x, \dot{x}, y) = -gxy - r_1x^2\,, \qquad f_2(x, \dot{x}, y) = -gxy + r_2x^3\,.$$

We found that the threshold value of g can be reduced by increasing values of r_1 and r_2. The evolution of stochasticity region boundary for varying g, depending on the magnitude of r_1 $(r_2 = 0)$ is plotted in Fig. 8. The picture for varying r_2, r_1 being kept zero, is the same. This plot clearly suggests that there also may be some other mechanism (not only the parametric one) for exciting stochastic auto-oscillations, when $g = 0$.

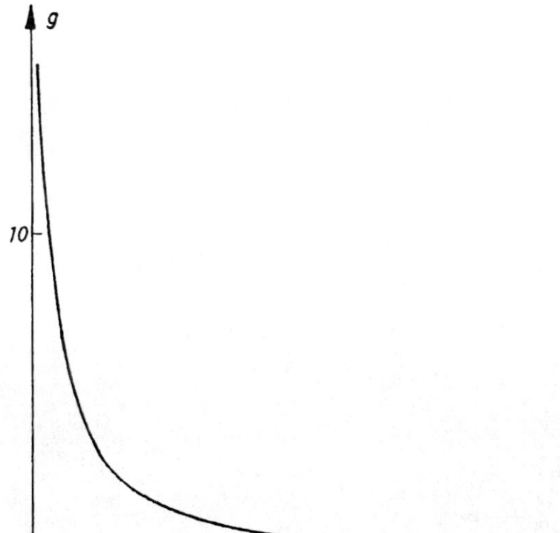

Fig. 8. Threshold value of parameter g versus parameter r_1 $(r_2 = 0)$ for $2\delta = 0.5$, $\gamma = 0.27$, $a = \omega_0 = l = 1$, $k = 1.73$

3. Forced Excitation Mechanism of Stochastic Auto-oscillations

Stochasticity regions in the parameter space under forced excitation are relatively small, bounded, and are located near the curve $(k = \gamma n)$ which corresponds to the case where one singular point of system (1B) occurs at infinity. In a stochasticity region all singular points are unstable and of saddle-focus type. Some two-dimensional sections of the parameter space of system (1B) are shown in Fig. 9. Broken line represents the curve $k = \gamma n$.

The autocorrelation function of the process $x(t)$ decreases, and the metric entropy is everywhere positive in the stochasticity region. The spectrum of the process in the stochasticity region, as in case (A), is peaked. A typical autocorrelation function, spectrum, and strange attractor are shown in Fig. 10. The Poincare mapping of the plane $\dot{x} = -0.13$ (Fig. 11a) shows that the point mapping of strange attractor can be reduced to a one-dimensional mapp-

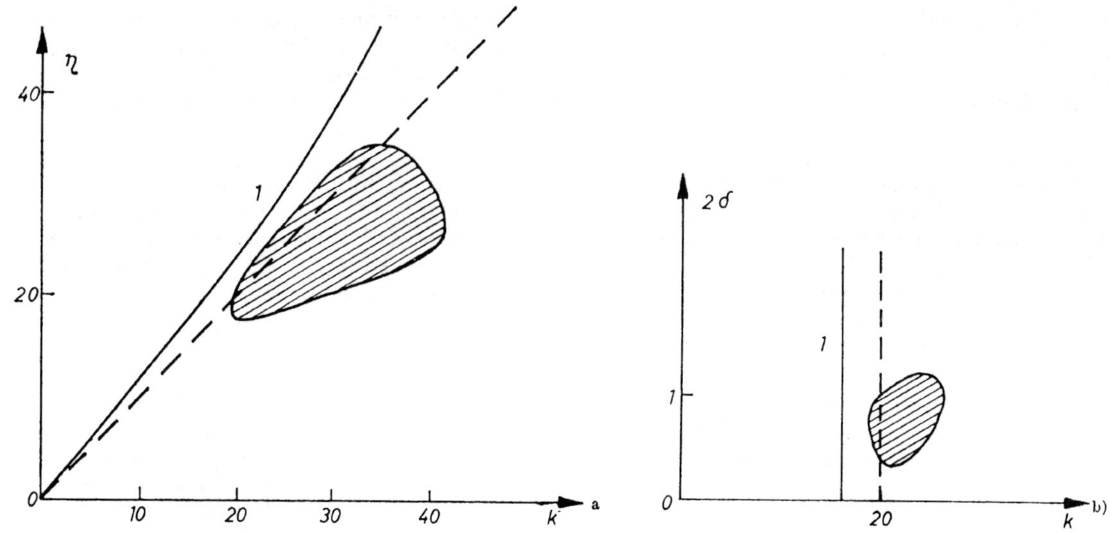

Fig. 9. Bifurcations and stochastic domain in parameter space. I denotes stability region of singular point (0, 0, 0)

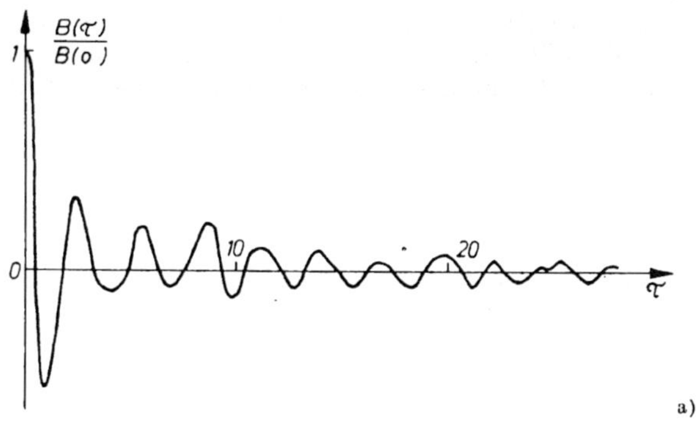

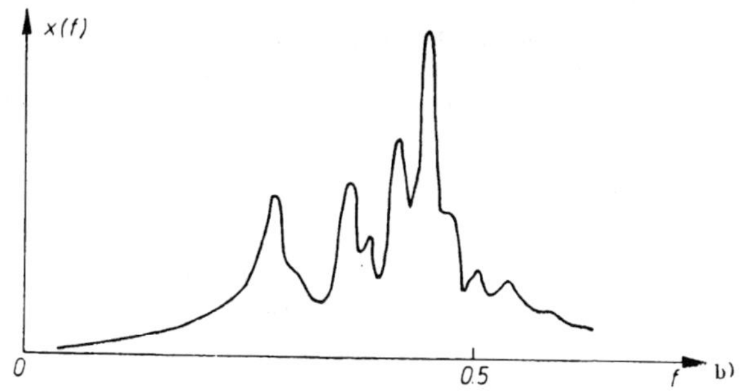

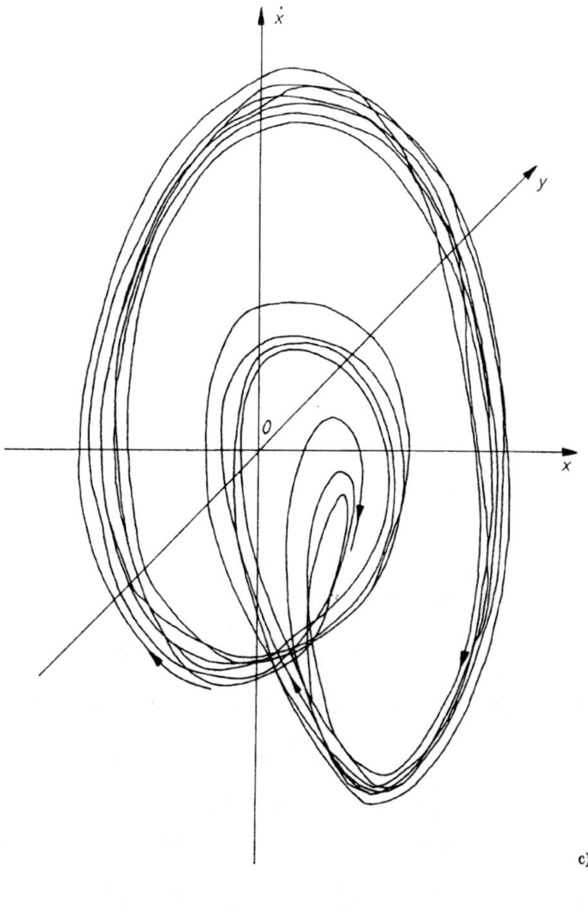

c)

Fig. 10. $2\delta = 0.75$, $n = 17.5$, $k = 20$, $\gamma = h = l = \omega_0 = a = 1$. a) Auto-correlation function of process; b) Power spectrum of process; c) Phase portrait of strange attractor

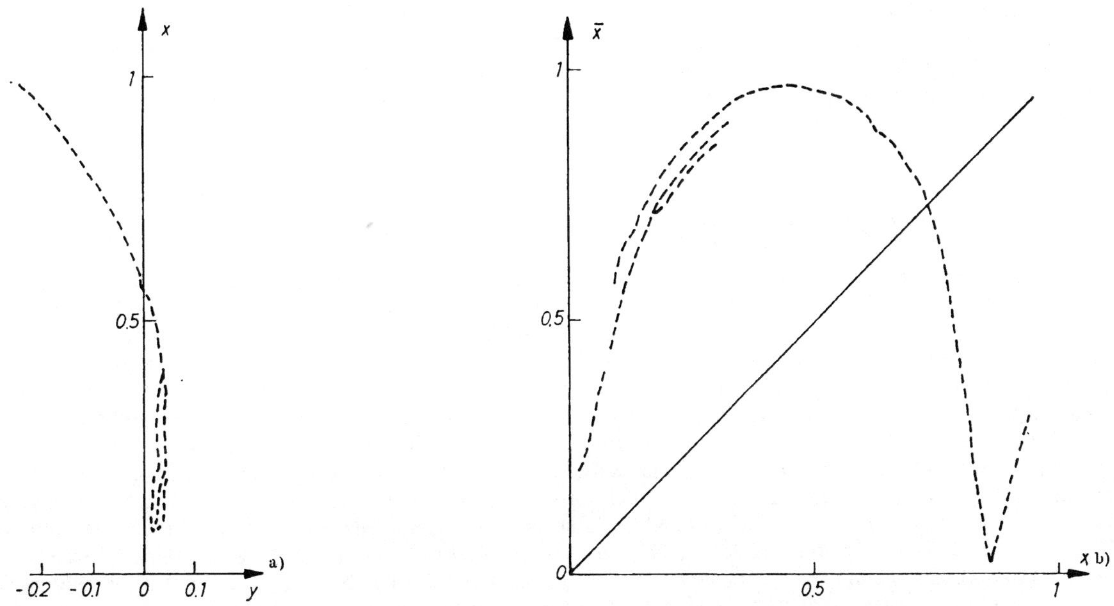

Fig. 11. $2\delta = 0.75$, $n = 17.5$, $k = 20$, $\gamma = l = h = \omega_0 = a = 1$. a) Poincare mapping; b) Lamerey diagram

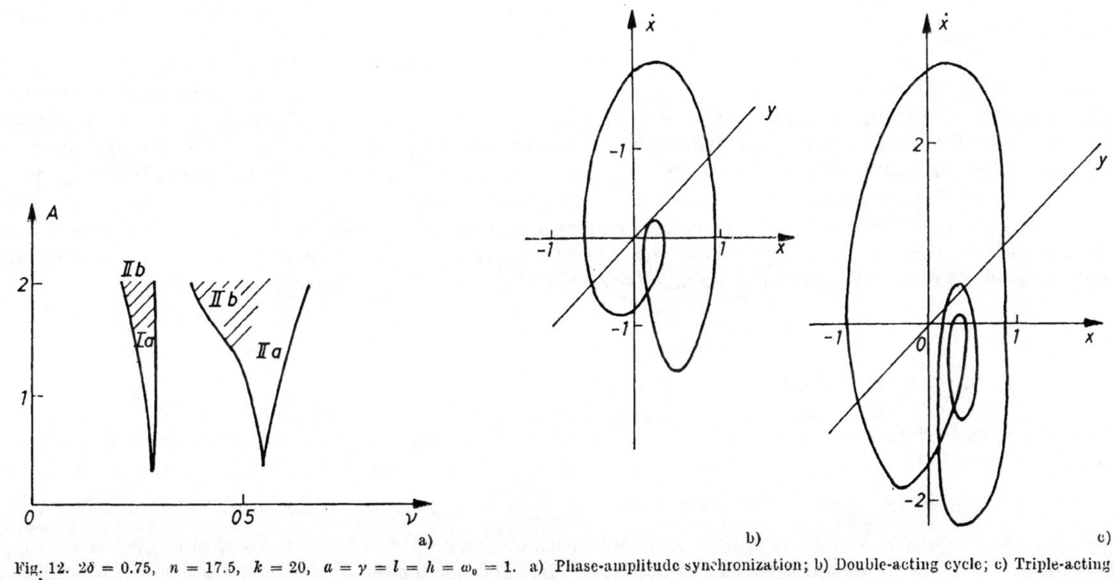

Fig. 12. $2\delta = 0.75$, $n = 17.5$, $k = 20$, $a = \gamma = l = h = \omega_0 = 1$. a) Phase-amplitude synchronization; b) Double-acting cycle; c) Triple-acting cycle

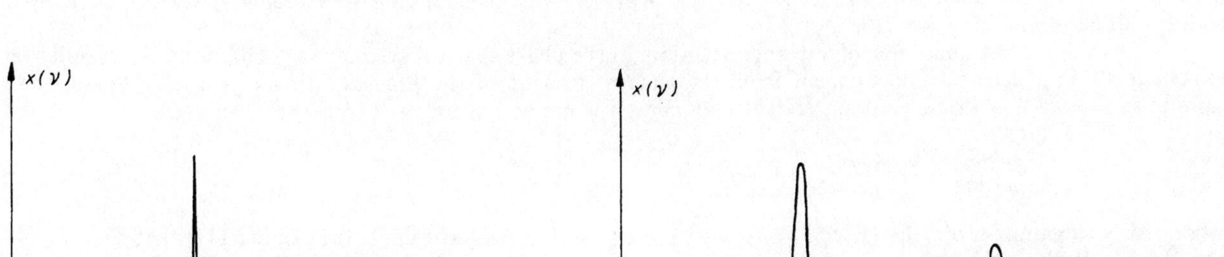

Fig. 13. $2\delta = 0.75$, $n = 17.5$, $k = 20$, $a = \gamma = l = h = \omega_0 = 1$. a) $\nu = 0.253$; b) $\nu = 0.244$

ing of the interval into itself, its Lamerey diagram is shown in Fig. 11b. Comparing Figs. 4 and 11b, we find that the diagrams differ due to the difference in the stochastic auto-oscillation excitation mechanisms.

In verifying the Feigenbaum law, we could observe the first four period doubling bifurcations and obtained the following bifurcational values for k: $k = \{15.805, 18.391, 18.887, 19.002\}$ which yield the sequence $\Phi_n = \{6.016, 5.182\}$.

4. Periodic Action on a System with Inertial Self-excitation

In an auto-oscillating system, when acted upon by an external force, several synchronization regions arise [14, 15]. Synchronization in a Lorenz system in which auto-oscillations are excited via parametric mechanism was studied in [15]. It may be expected that a similar phenomenon would be observed in system (1A) as well, therefore we studied the influence of external periodic force on system (1B) by adding a term $A \cos 2\pi\nu t$ to the first equation of the system. We found that in the stochasticity region of autonomous system there are certain values of A and ν for which the oscillations are periodic (Fig. 12a): in the region I the oscillation period is equal to the period of the external force (synchronization on ν), and in the regions IIa and IIb the oscillation period is double the period of the external force (synchronization on $\nu/2$). In the regions Ia and IIa the phase trajectories corresponding to periodic oscillations are of the type shown in Fig. 12b, i.e., the cycles are double-revolving, in the regions Ib and IIb, triple-revolving (Fig. 12c). A specific feature of synchronization of stochastic auto-oscillation is that the amplitude of external force has a threshold [16] so synchronization occurs despite the system's tendency to chaos. Periodic external force synchronizes stochastic auto-oscillations when the system is inclined much more to ordered motion than to chaos. Consequently, synchronization amplitude threshold is a qualitative measure of chaos.

It is of interest to investigate how synchronized oscillations turn into stochastic oscillations or vice versa when ν varies. Our investigations have shown that these processes are equivalent and so we discuss only the latter.

For small A (Fig. 12a), synchronized oscillations turn into stochastic ones through the formation of a torus in the phase space and ultimate destruction of the torus. Let us now examine this process in the frequency range $\nu \in [0.249, 0.55]$.

When the frequency ν reaches the critical value $\nu_{\text{cri}_1} \cong 0.2535$, beatings begin in the system, resulting in the formation of peaks in the low frequency range ($k\nu_2$, $k = 1, 2, 3, \ldots$, where ν_2 is the fundamental beating frequency) and near the generator frequency ($\nu_n = \nu \pm n\nu_2$, $n = \pm 1, \pm 2$, Fig. 13a). With decreasing frequency ($\nu < \nu_{\text{cri}_1}$), the number of distinct frequencies decreases and ν_2 increases slightly. At $\nu = \nu_{\text{cri}_2} \cong 0.2504$ the torus quasiperiod ($T_{\text{torus}} = 1/\nu_2$) suffers doubling bifurcation and the frequencies $k\nu_2/2$ and $\nu \pm k\nu_2/2$ appear in the spectrum. At $\nu = \nu_{\text{cri}_3} \cong 0.249$ the frequencies $\nu \pm n\nu_2/2$ can no longer be discerned, so the spectrum virtually looks like a continuous one, though the frequency ν can still be clearly distinguished (Fig. 13b). This peak vanishes when ν lowers down further. When $A > A_1$ ($A_1 \cong 1.2 - 1.3$) synchronized oscillations pass into stochastic ones via bifurcation of cycle period doubling. We could however detect only the first three bifurcations.

5. Systems of Higher Dimensions

As already pointed out, system (1) with 1.5 degrees of freedom is the simplest with inertial self-excitation. Stochastic oscillations may also occur in more complicated systems. We study the stochastic properties of the system:

$$\ddot{x} + 2\delta\dot{x} + \omega_0^2 x = -ky + f(x, \dot{x}, y) , \qquad \mu\ddot{y} + \dot{y} + \gamma y = ax + \varphi(x, \dot{x}, y) \tag{4}$$

which is also a system with inertial self-excitation with two degress of freedom. Stochastic oscillations may occur in system (4) both for nonlinearity of the type (A) or (B). The properties of stochastic auto-oscillations in system (4) for $\mu = 1$ do not differ much from the properties of system (1). This is corroborated by the Poincaré mapping of the plane $\dot{x} = -0.13$ into itself (Fig. 14a). As in the case of system 1A), the mapping of system (4A) can also be reduced to a one-dimensional mapping (Fig. 14b).

We evaluated the dimension of a strange attractor in the phase space of system (4a–4b), using the correlation exponent V. To calculate this exponent from the time realization of the process $x(t)$, $x = \{x, \dot{x}, y, \dot{y}\}$, we made samplings $x_n = x(t_0 + n\tau)$, $n = 1, \ldots, N$. The exponent V is defined as follows [17]:

$$V = \lim_{\varepsilon \to 0} \frac{\log C(\varepsilon)}{\log \varepsilon}; \qquad C(\varepsilon) = \lim_{N \to \infty} N^{-2} M$$

where M is the number of pairs (x_i, x_j), $i \neq j$, separated by a distance less than ε. It is known [17] that $V < D_H$ — the Hausdorff dimension of strange attractor. On the other hand [7], the Liapunov dimension D_L calculated by the Kaplan-Yorke [8] formula is generally greater than D_H.

The correlation exponent V varies from 2.01 to 2.4 everywhere in the stochasticity region of system (4a–4b), and is approximately equal to the Hausdorff dimension of strange attractor of system (1a–1b). For system (1A), when $2\delta = 0.5$, $\omega_0 = 1$, $k = 10$, $g = 30$, $\gamma = 0.1$, $l = 1$, we find that $V = 2.12$ and $D_H = 2.15$. Consequently, $2.12 < D_H < 2.15$. For system (4A), for the same parametric values, V is equal to 2.15. This proves, besides what has been said above, that the properties of stochastic oscillations in system (1) do not vary with the dimension of the phase space.

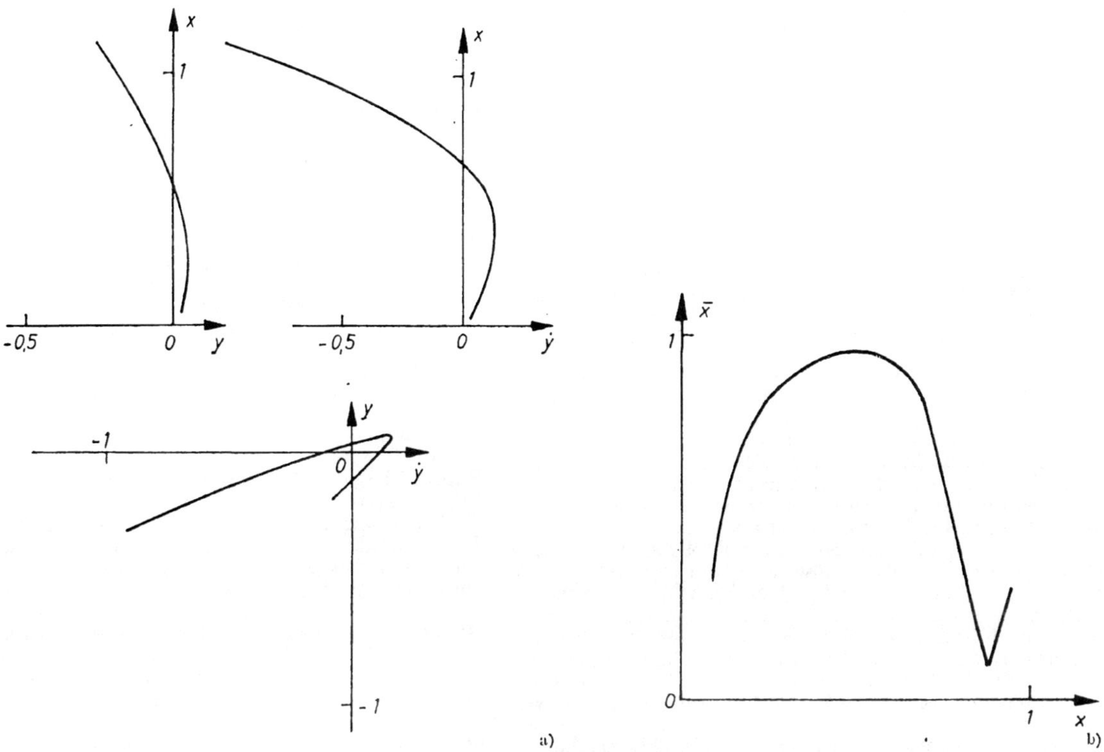

Fig. 14. $2\delta = 0.75$, $k = 22$, $n = 20$, $\mu = 0.1$, $a = \gamma = l = h = \omega_0 = 1$. a) Projection of Poincare mapping; b) Lamerey diagram

References

1 Бабицкий, В. И., Ланда, П. С., Автоколебания в системе с инерционным самовозбуждением, ДАН СССР, 1982, т. 266, № 5, с. 1087—1089.
2 Babitsky, V. I., Landa, P. S., Auto-oscillation system with inertial self-excitation, ZAMM 64, pp. 329—339.
3 Теодорчик, К. Ф., Автоколебательнные системы, М., Гостехиздат, 1952.
4 Benettin, G., Golgani, L., Streleyn, J. M., Kolmogorov entropy and numeral experiments, Phys. Rev. A 14, N 6, 1976, pp. 2338—2345.
5 Колмогоров, А. Н., Об энтропии на единицу времени как метрическом инварианте автоморфизмов, ДАН СССР, 1959, т. 124, с. 754—755.
6 Неймарк, Ю. И., Фуфаев, Н. А., Метод точечных от обрaжений и его применение к исследованию динамических систем, Успехи механики, т. 3, вып. 4, 1980, с. 23—53.
7 Farmer, J. D., Ott, E., Yorke, J. A., The dimension of chaotic attractors. Physica D, 1983, v 7, N 1—3, 153—180.
8 Kaplan, J. L., Yorke, J. A., Chaotic behaviour of multidimensional difference equations, Lect. Notes in Math., 1975, V 730, p. 228.
9 Feigenbaum, M., Quantitative universality for a class of nonlinear transformation, J. Stat. Phy., 1983, 19, 25—52.
10 Бутенин, Н. В., Неймарк, Ю. И.; Фуфаев, Н. А., Введение в теорию нелинейных колебаний, М. Наука, 1976.
11 Eckmann, J. P., Roads to turbulence in dissipative dynamical systems, Rev. Mod. Phys., 1981, 53, N 4, 643—654.
12 Manneville, P., Pomeau, Y., Different ways to turbulence in dissipative dynamical systems, Physica D, 1D, 1980, pp. 219.
13 Lorenz, E. N., Deterministic nonperiodic flow, J. Atoms. Sci., 1963, 20, 130—141.
14 Hayashi, T., Nonlinear oscillations in physical systems, Moscow, 1968 (in Russian).
15 Ланда, П. С., Автоколебания в распределенных системах, М., Наука, 1982.
16 Дудник, Е. А.; Кузнецов, Ю. И.; Минакова, И. И.; Романовский, Ю. М., Синхронизация системы Лоренца периодическим внешним воздействием, Препринт физического факультета МГУ, № 3/1983.
17 Grassberger, P., Procaccia I. Measuring the strangeness of strange attractors, Physica, 1983, 9D, 1, 189—208.
18 Неймарк, Ю. И., Теория нелинейных колебаний и стохастические движения динамических систем, Динамика систем, вып. 12, 1977, с. 74—96.

Received September 19, 1984

Address: Dr. V. I. Babitsky, Bladonravov Institute of Machine Studies, Academy of Sciences Moscow, 101830 ГСП Москва, Центр, ул. Грибоедова, д. 4 USSR.

BOOK REVIEWS

Hackbusch, W. (ed.), Efficient Solutions of Elliptic Systems. Proceedings of a GAMM-Seminar Kiel, 1984. Braunschweig, Vieweg 1984. VI, 153 S., DM 48,–. ISBN 3 528 08084 1 (Notes on Numerical Fluid Mechanics 10)

Vom 27.1.–29.1.1984 fand an der Universität Kiel ein GAMM-Seminar mit dem Thema „Efficient solutions of elliptic systems" statt (mit 43 Teilnehmern aus 12 Ländern, organisiert durch W. HACKBUSCH). Von den insgesamt 17 vorgestellten Beiträgen sind 11 in den vorliegenden Proceedings enthalten. Die Arbeiten können vorwiegend den folgenden Gebieten bzw. Aspekten zugeordnet werden: Theorie der FEM-Diskretisierung skalarer elliptischer Probleme und der Stokesschen Gleichungen, auch unter Einbeziehung gemischter FEM-Zugänge und der Multigrid-Methoden als Auflösungsverfahren (F. BREZZI / J. PITKÄRANTA, P. NEITTAANMÄKI / M. KŘÍŽEK, R. VERFÜRTH), Differenzenverfahren und Multigrid-Methoden für die Stokesschen und Navier-Stokesschen Gleichungen mit spezieller Aufspaltung, Wahl von Variablen oder anderen Besonderheiten (E. DICK, L. FUCHS (2 Arbeiten), B. RUTTMANN / K. SOLCHENBACH, P. WESSELING), schnelle direkte Auflösungsmethoden für verallgemeinerte Bipotentialprobleme (P. BJØRSTAD), Konstruktion von Differenzenapproximationen für hydrodynamische Probleme mit bestimmten Eigenschaften (U. SCHUMANN / H. VOLKERT), Randelemente-Methode für 3D-Stokes-Gleichungen, kombiniert mit der Multigrid-Methode (F. K. HEBEKER).

Die vorgestellten Beiträge sind hauptsächlich gerichtet auf die Diskretisierung partieller elliptischer Differentialgleichungen und Systeme sowie auf eine effektive Auflösung der diskretisierten Probleme mit schnellen Lösern, wobei die Multigrid-Techniken dominieren. Unter den Arbeiten sind solche mit strenger Beweisführung der analytischen Aussagen zur FEM bzw. zur Multigrid-Methode, aber auch solche mit konstruktiven, algorithmischen Darlegungen für bestimmte Approximationen oder Auflösungstechniken, die durch Testbeispiele illustriert werden. Die Themenstellung des Seminars ist eine Klammer für alle genannten Arbeiten, wobei der Großteil dieser den Numerischen Methoden der Strömungsmechanik gewidmet ist. Die Herausgabe dieser Proceedings wird dem Anliegen gerecht, über neue Tendenzen in der Theorie und Praxis moderner numerischer Methoden, wie etwa die Multigrid-Methoden, zu berichten und diese zu verbreiten.

Karl-Marx-Stadt B. HEINRICH

Shampine, L. F. / Gordon, M. K., Computer-Lösung gewöhnlicher Differentialgleichungen. Braunschweig-Wiesbaden, Friedr. Vieweg & Sohn 1984. X, 259 S., DM 48,–. ISBN 3 528 04165 x

Seit 1984 liegt eine Verdeutschung der bekannten Monographie von SHAMPINE/GORDON „Computer Solution of Ordinary Differential Equations, The Initial Value Problem" von 1975 vor. Dafür haben die Autoren das englische Original überarbeitet, einige Verbesserungen vorgenommen und Flüchtigkeitsfehler berichtigt. Offensichtliche inhaltliche Ergänzungen aus neuerer Literatur zu Anfangswertaufgaben sind in den Kapiteln 4, 5, 7 und 8 zu finden, auch das Vorwort zur deutschen Ausgabe ist neu. Anlage und Aufbau des Originals wurden strikt beibehalten. Das Buch untersucht die Familie der Adams-Verfahren von der Theorie über Implementierung, Programm bis zu numerischen Experimenten. Der Text ist mit Beispielen und Übungen aufgelockert. — Kapitel 1 führt elementar in das Gebiet der Anfangswertaufgaben ein, und Kapitel 2 stellt Elemente aus der Interpolationstheorie bereit. Daraufhin werden im Kapitel 3 die Adams-Formeln hergeleitet, ergänzt von Konvergenz- und Stabilitätsbetrachtungen für PECE-Formen im Kapitel 4. Komplexitätsbetrachtungen zur Algorithmenaufbereitung werden im Kapitel 5 vorgeführt. Fehlerabschätzungen und Fehlerschätzungen sowie Ordnungs- und Schrittweitensteuerungen werden in den Kapiteln 6 und 7 diskutiert. Im Kapitel 8 werden noch einmal Stabilitätsfragen für numerisch relevante (große) Schrittweiten erörtert. Die Rechnerarithmetik (nichtassoziative algebraische Struktur!) als Fehlerquelle wird im Kapitel 9 untersucht. Kapitel 10 enthält die Programme mit den verdeutschten Kommentaren. Die Leistungsfähigkeit der Programme wird im Kapitel 11 an Beispielen eingeschätzt. Kapitel 12 zeigt, daß Anfangswertaufgaben ein brauchbares Hilfsmittel sein können, physikalische oder technische Probleme zu lösen. Im Kapitel 13 werden die Lösungen zu den Übungen und im Anhang Bezeichnungen und einige Sätze aus der Analysis mitgeteilt. Das Literaturverzeichnis enthält zusätzliche Hinweise auf die Bücher von ALBRECHT (1979) und GRIGORIEFF (1971, 1977). — Kritisch muß vermerkt werden: Die verdeuschte Ausgabe hält sich übertrieben wörtlich an das englische Original. Schreiben Deutsche ihre englischen Beiträge oft in deutschen Bildern, so stelzt der vorliegende deutsche Text in englischen Wendungen, Konstruktionen und Bildern daher. Den Leser beschleicht das Empfinden, eine maschinelle Umsetzung vor sich zu haben. Bekanntlich enthält das englische Original breite Passagen, die auf das Wesentliche gekürzt und den Inhalt verdeutlichend ins Deutsche hätten übertragen werden können, sogar ohne dabei einem ‚Software-Jargon' zu verfallen. Was im Englischen noch im Bereich des Erlaubten zu liegen scheint, wirkt verdeutscht auf einen deutschen Leser unzumutbar peinlich, irritierend oder auch belustigend, je nach Gemütsverfassung. Gibt es auch auf dem Gebiet der Numerik — ganz zu schweigen vom Software-Gebiet — keine allgemein verbindliche deutsche Sprachregelung für die mathematischen Begriffe, so liegt in den Büchern von ALBRECHT, GRIGORIEFF, MEHLHORN u. a. doch eine große Anzahl üblicher mathematischer Begriffsbildungen vor. Schließlich wünschten sich die Autoren im Vorwort zur deutschen Ausgabe, ihre Arbeit den Wissenschaftlern zugänglich zu machen, denen der Umgang mit der deutschen Sprache leichter fällt als der mit der englischen". Kann auch die Existenz einer solchen Spezies mit Recht bezweifelt werden — wenn mit „Umgang" die Fähigkeit, englische Fachtexte zu verstehen, gemeint ist —, so gibt es sicherlich doch interessierte Leser, die sich nicht sofort das Richtige hinzudenken können oder denen es nicht möglich ist, schnell in das englische Original zu sehen, um den deutschen Text verstehen zu können.

Berlin H. SANDMANN

Ören, T. I. / Zeigler, B. P. / Elzas, M. S. (eds.), Simulation and Model-Based Methodologies: An Integrative View. Proceedings. Berlin-Heidelberg-New York-Tokyo, Springer-Verlag 1984. XIII, 651 S., DM 158,–. US $ 55.50. ISBN 3-540-12884-0 (NATO ASI Ser. F: Computer and Systems Sciences 10)

This book comprises the Proceedings of the Nato Advanced Study Institute meeting held at the University of Ottawa in Ottawa, Ontario/Canada from July 26 to August 6, 1982, under the chairmanship of TUNCER I. ÖREN.

The aim of the organizers was to contribute to the maturity of simulation as a multivarious field with common methodological characteristics instead of being an agglomeration of weakly related and often non-communicating numerous subfields.

The volume consists of invited contributions by select professionals printed in the first five sections, and of presentations contributed in four of the workshops of the Institute (16 abstracts) printed in Section 6. Conceptual bases for system modelling and design are provided in Section 1 by ÖREN, ELZAS, KLIR, ZEIGLER, and WYMOR. In Section 2 model-based simulation architecture is discussed by ZEIGLER, PICHLER, and DEKKER. Section 3 contains articles on the impact of formalisms on model specification by ÖREN, CROSBIE, and AGGARWAL. The next papers by SPRIET/VANSTEENKISTE, KLIR, UYTTENHOVE, and BIRTA treat several aspects of model identification, reconstruction, and optimization (Section 4). The final articles by ÖREN, CELLIER, SARGENT, and HENIZE describe quality assurance in model-based activities.

The book is not a textbook, but it provides an integrative view of several subfields of modern simulation.

Leipzig H.-J. GIRLICH

ZAMM · Z. angew. Math. Mech. 66 (1986) 2, 83 – 94

SLÁDEK, V.; SLÁDEK, J.; BALAŠ, J.

Boundary Integral Formulation of Crack Problems

In der vorliegenden Arbeit wird die Theorie der Rißversetzungen auf der Basis einer qualifizierten Randintegralformulierung von Rißproblemen entwickelt. Die Verteilung der Rißversetzungen wird von der Randintegrodifferentialgleichung, die aus der regularisierten Integraldarstellung des Spannungsfeldes abgeleitet wird, bestimmt. Dir Methode ist auf jede Rißform anwendbar, und es werden Rißprobleme in der Elastostatik, Elastodynamik und Thermoelastizität diskutiert.

In this paper the non-perturbative theory of crack dislocations is developed on the basis of an advanced boundary integral formulation of crack problems. The distribution of crack dislocations is determined by the boundary integro-differential equations derived from the regularized integral representation of the stress field. The method is applicable to the cracked body with any crack profile and the topics discussed include the formulation of cracks problems in: (i) *elastostatics;* (ii) *elastodynamics; and* (iii) *thermoelasticity.*

В этой статье разработана теория трещинных дислокаций на основе прогрессивной формулировки задач для трещин с помощью граничных интегралов. Распределение трещинных дислокаций определяется решением граничных интегро-дифференциальных уравнений, которые выведены из регуляризованного интегрального представления поля напряжений. Этот метод является подходящим для твердого тела с произвольной трещиной. В статье рассматриваются формулировки решения задач для трещины в эластостатике, эластодинамике и в термоупругости.

1. Introduction

In linear fracture mechanics the spatial distributions of the stress and displacement fields near the crack front are well known. Both the geometrical and loading varieties of a crack problem enter into these distributions through a parameter of proportionality, the stress intensity factor. Thus, the stress intensity factor (or alternatively the energy release rate) is the only fracture characteristic in the linear fracture mechanics and the fracture criterion is formulated via a material constant, the critical stress intensity factor.

To obtain the stress intensity factor for a crack problem it is sufficient to know the solution of the corresponding boundary value problem in the near vicinity of the crack front. In view of this fact, the domain discretizing numerical computational methods, such as the finite difference method and finite element method, appear to be inefficient in the linear fracture mechanics.

Much more effective approach to crack problems is the discussion in terms of the theory of distributions of dislocations. The idea of modelling cracks by dislocations is known for a long time (see [1] and references made there). The discontinuity in displacement at a crack is described by appropriate dislocation distribution functions, which are determined by reducing the problem to the solution of a classical singular integral equations. However, such an approach is restricted to several simple crack problems.

Application of the boundary integral equation method to crack problems is very similar to that of the theory of continuous distributed dislocations. The unknown displacements on the crack are determined by a system of singular boundary integral equations (BIE). However, the application of the standard boundary integral equations to crack problems suffers from insufficient generality [2, 3].

SNYDER and CRUSE [4] have found the Green function obeying the traction free boundary conditions on the surfaces of a straight crack .In such a BIE formulation the crack is included without the need for a numerical model of the crack surfaces. This approach has been succesfully developed and applied only for two-dimensional fracture mechanics problems. There is another BIE approach to fracture mechanics analysis; the entire geometry including the crack surface is modelled for a general BIE stress analysis. As it has been pointed out by CRUSE [2], the direct approach to modelling crack geometry has revealed an inherent limitation to the use of current BIE analysis technology. As long as both the upper, S_{cr}^+, and lower, S_{cr}^-, crack surfaces are modelled in the same set of surface points (the only difference is in the opposite normal directions) the BIE written for points on S_{cr}^+ are the same as those on S_{cr}^-. In general, such a degenerate system of the BIE is not sufficient to determine the displacements on the crack surfaces. This indeterminancy can be avoided only in crack problems possessing the symmetry with respect to the surface on which the crack lies. Another scheme of modelling can be used to avoid the mentioned indeterminancy, namely the crack is replaced by an open notch. The first scheme is limited to symmetric problems and the second increases modelling error due to the notch opening. In addition to the indeterminancy of the BIE they lead to a non-unique formulation because any set of equal and opposite boundary traction on the crack-surfaces gives the same BIE.

Two deficiencies identified by the BIE for crack modelling require another integral identity for the boundary data to be devised. The new boundary equations must be independent of the BIE and they must uniquely depend on the state of loading of the crack surface. Such boundary equations (called traction boundary-integral equations) have been derived by CRUSE for a flat crack in 3-D problems [2] and for a straight crack in 2-D problems [5]. The special case of a flat crack in an infinite medium has also been tackled by WEAVER [6].

Recently, the traction boundary-integral equations, or in other words the boundary integro-differential equations (BIDE), have been derived for cracks of any profile [7, 8]. For crack problems in classical elastodynamics the BIDE have been established independently by TAKAKUDA [9] and by the authors [10, 11]. The BIDE result from the regularized integral representation of the stress field. The regularization procedure has been extended also to thermoelasticity in works [11–14].

The proposed boundary integral formulation of crack problems based on the BIDE reduces to the formulation based on the continuous distribution of dislocations when the former is applied to the crack problems tractable by the latter. The boundary integral formulation of crack problems is an extension of modelling the cracks by dislocations in the following aspects:

(i) this formulation can be used for any crack profile and the body can be subjected to any loading

(ii) the interaction of crack dislocations with the outer boundary is included if crack problems in finite bodies are studied

(iii) the influence of inertial terms on the solution of crack problems is considered when the body is subjected to time dependent loading and adiabatic assumptions are satisfied

(iv) this boundary integral formulation allows to include the interaction between the elastic and temperature fields and it appears possible to consider the influence of thermal effects on crack problems.

The distribution of crack dislocations is obtained by solving the BIDE (or the system of the BIDE and BIE in finite bodies). Once the distribution of crack dislocations and the unknowns on the outer boundary of the body are computed, the solution of the crack boundary value problem at any interior point is given by the integral representations of the fields.

Numerical solution of the proposed boundary equations is not discussed in this paper; we note that the boundary element method (see e.g. [15]) can be used appropriately.

2. Elastostatics

Consider a finite body containing an internal crack. Let, S_B, S_{cr}^+ and S_{cr}^- represent the outer, upper, and lower crack surfaces, and V be the region bounded by $S = S_B \cup S_{cr}^+ \cup S_{cr}^-$. The two crack surfaces in the undeformed state are formed by the same set of points, $\{\forall\eta, \eta \in S_{cr}^+\} = \{\forall\eta, \eta \in S_{cr}^-\}$, and all the differences between S_{cr}^+ und S_{cr}^- are due to the opposite normal directions. The region V is assumed to be filled in with a homogeneous, isotropic, linear elastic medium. The Somigliana identity for the displacement is given by

$$\Delta(\boldsymbol{y})\, u_k(\boldsymbol{y}) = \int\limits_S [t_i(\eta)\, U_{ik}(\eta - \boldsymbol{y}) - u_i(\eta)\, T_{ik}(\eta - \boldsymbol{y})]\, dS_\eta \tag{1}$$

in which

$$\Delta(\boldsymbol{y}) = \begin{cases} 1, \boldsymbol{y} \in V\,, \\ 0, \boldsymbol{y} \bar{\in} (V \cup S)\,. \end{cases}$$

$U_{ik}(\boldsymbol{r})$ are the fundamental displacements known as the Kelvin solution and $T_{ik}(\eta - \boldsymbol{y})$ are the fundamental tractions

$$T_{im}(\eta - \boldsymbol{y}) = c_{ijkl} n_j(\eta)\, \partial_l' U_{km}(\eta - \boldsymbol{y}) \tag{2}$$

where

$$\partial_i' = \frac{\partial}{\partial \eta_i}, \qquad c_{ijkl} = \varkappa \delta_{ij}\delta_{kl} + \mu(\delta_{ik}\delta_{jl} + \delta_{il}\delta_{jk})$$

and $\varkappa = \lambda$ for 3-D and plane strain problems, while $\varkappa = 2\mu\lambda/(\lambda + 2\mu)$ for plane stress problems, μ and λ being the Lamé constants. The explicit expressions for the fundamental solutions are given in the Appendix A.

It is evident that

$$T_{ik}(\eta - \boldsymbol{y})|_{\eta \in S_{cr}^+} = -T_{ik}(\eta - \boldsymbol{y})|_{\eta \in S_{cr}^-}\,, \qquad U_{ik}(\eta - \boldsymbol{y})|_{S_{cr}^+} = U_{ik}(\eta - \boldsymbol{y})|_{S_{cr}^-}\,. \tag{3}$$

In general we will consider problems where the crack is loaded by equal and opposite tractions, hence

$$\Sigma t_i(\eta) = t_i(\eta)|_{S_{cr}^+} + t_i(\eta)|_{S_{cr}^-} = 0\,. \tag{4}$$

Taking into account (3) and (4) the integral representation of the displacement field (1) can be rewritten in the form

$$\Delta(\boldsymbol{y})\, u_k(\boldsymbol{y}) = \int\limits_{S_B} [t_i(\eta)\, U_{ik}(\eta - \boldsymbol{y}) - u_i(\eta)\, T_{ik}(\eta - \boldsymbol{y})]\, dS_\eta - \int\limits_{S_{cr}^+} \Delta u_i(\eta)\, T_{ik}(\eta - \boldsymbol{y})\, dS_\eta \tag{5}$$

where the displacement discontinuities across the crack are defined as

$$\Delta u_i(\eta) = u_i(\eta)|_{S_{cr}^+} - u_i(\eta)|_{S_{cr}^-}\,.$$

Differentiating equation (5) one obtains the integral representation of the stress field.

$$\begin{aligned} \Delta(\boldsymbol{y})\, \sigma_{lp}(\boldsymbol{y}) = c_{lpjr}\{&-\int\limits_{S_B} t_i(\eta)\, \partial_r' U_{ij}(\eta - \boldsymbol{y})\, dS_\eta + \\ &+ c_{iskl}[\int\limits_{S_B} u_i(\eta)\, n_s(\eta)\, \partial_r'\partial_l' U_{kj}(\eta - \boldsymbol{y})\, dS_\eta + \int\limits_{S_{cr}^+} \Delta u_i(\eta)\, n_s(\eta)\, \partial_r'\partial_l' U_{kj}(\eta - \boldsymbol{y})\, dS_\eta]\}\,. \end{aligned} \tag{6}$$

The integral representations (5) and (6) require the boundary displacements and tractions on S_B, and the displacement discontinuities on S_{cr} to be known. Let S_{Bi}^u denote that portion of S_B where $u_i(\eta)$ is specified and S_{Bi}^t denote that portion where $t_i(\eta)$ is specified. In addition to the boundary data on $S_B = \sum\limits_{i=1}^{3} (S_{Bi}^u \cup S_{Bi}^t)$ the crack loading are prescribed and the displacement discontinuities at the edge of S_{cr}^+ vanish, $\Delta u_i = 0$. The unknown boundary quantities together with the displacement discontinuities are to be calculated. The usual operation of taking

$y \to \zeta \in S$, a boundary point, is necessary to obtain the BIE from (5). The limit behaviour of the boundary integrals with strongly singular kernels is analysed in the Appendix B. Letting the point y in (5) tend to a boundary point $\zeta_B \in S_B$ and using (B.3), we obtain

$$\int_{S_B} [u_i(\eta) - u_i(\zeta_B)]\, T_{ik}(\eta - \zeta_B)\, dS_\eta - \int_{S_B} t_i(\eta)\, U_{ik}(\eta - \zeta_B)\, dS_\eta + \int_{S_{cr}^+} \Delta u_i(\eta)\, T_{ik}(\eta - \zeta_B)\, dS_\eta = 0\,. \tag{7}$$

We suppose the surface S_{cr}^+ to be smooth. Then the limit properties of the single and double layer potentials can be employed as $y \to \zeta_+ \in S_{cr}^+$, and equation (5) becomes

$$\tfrac{1}{2}\, \Sigma u_k(\zeta_+) = -\int_{S_{cr}^+} \Delta u_i(\eta)\, T_{ik}(\eta - \zeta_+)\, dS_\eta + \int_{S_B} [t_i(\eta)\, U_{ik}(\eta - \zeta_+) - u_i(\eta)\, T_{ik}(\eta - \zeta_+)]\, dS_\eta\,. \tag{8}$$

Equation (8) has two critical deficiencies as a mathematical model for crack geometries. First, consider a problem where there are no tractions on the outer boundary and only crack surface loading; since any set of equal and opposite boundary tractions gives the same BIE the result is non-unique. Second, while a single surface S_{cr}^+ is now being treated, two variables are unknown: Δu_i and Σu_i. Thus the system of equations (7) and (8) underdetermines the mathematical basis for a solution of the crack modelling problem.

A second integral identity for the boundary data which is independent of (8) must be devised; in addition, the new boundary equation must uniquely depend on the state of loading of the crack surface. Such a boundary equation, the traction boundary-integral equation, has been derived by CRUSE [2] for a flat crack problem by eliminating the singularity contained in the boundary integral over S_{cr}^+ in (6) as $y \to \zeta_+ \in S_{cr}^+$. The more general procedure of derivation of the BIDE for any smooth crack surface S_{cr}^+ has been proposed by the authors [7] in three dimensional elastostatic analysis of a crack in a homogeneous, anisotropic medium. The derivation of the BIDE is based on the regularized integral representation of $\sigma_{lp}(y)$ which takes the form [7, 8]

$$\begin{aligned} \Delta(y)\, \sigma_{lp}(y) = c_{lpjr}\{ &-\int_{S_B} t_i(\eta)\, \partial_r' U_{ij}(\eta - y)\, dS_\eta + \\ &+ c_{iskt} [\int_{S_B} \varkappa_{rsi} \partial_t' U_{kj}(\eta - y)\, dS_\eta + \int_{S_{cr}^+} \Delta\varkappa_{rsi}\, \partial_t' U_{kj}(\eta - y)\, dS_\eta]\} \end{aligned} \tag{9}$$

where

$$\varkappa_{rsi} = \hat{D}_{rs} u_i(\eta)\,, \qquad \Delta\varkappa_{rsi} = \hat{D}_{rs} \Delta u_i(\eta)$$

$$\hat{D}_{rs} = n_r(\eta)\, \partial_s' - n_s(\eta)\, \partial_r' = \begin{cases} \varepsilon_{rsk} \left[\varrho_k(\eta) \dfrac{\partial}{\partial \tau(\eta)} - \tau_k(\eta) \dfrac{\partial}{\partial \varrho(\eta)}\right], & \text{in } 3-d \\ \varepsilon_{rs3} \dfrac{\partial}{\partial \tau(\eta)}, & \text{in } 2-d \end{cases} \tag{10}$$

in which ε_{ijk} is the permutation symbol, and in $3-d$ problems $\tau(\eta)$ is arbitrary tangent vector and $\varrho(\eta)$ is the tangent vector defined as

$$\varrho_k(\eta) = \varepsilon_{kij} n_i(\eta)\, \tau_j(\eta)$$

while in $2-d$ problems

$$\tau_i(\eta) = \varepsilon_{ki3} n_k(\eta)\,.$$

Equation (9) contains the tangential derivatives of $u_i(\eta)$ on S_B and $\Delta u_i(\eta)$ on S_{cr}^+ which can be easily formed from the surface values of $u_i(\eta)$ and $\Delta u_i(\eta)$, respectively. The tangential derivatives of the displacement discontinuities Δu_i represent the distribution of crack dislocations.

The boundary integro-differential equations determining uniquely the displacement discontinuities can be deduced from (9) by letting the field point y tend to a crack point $\zeta_+ \in S_{cr}^+$. Since S_{cr}^+ is smooth, one can use the limit properties of the single and double layer potentials. Then it is easy to verify that the sum of integrals,

$$c_{lpjr} c_{iskt} n_p(y) \int_{S_{cr}^+} \Delta\varkappa_{rsi}\, \partial_t' U_{kj}(\eta - y)\, dS_\eta\,,$$

is continuous across the surface S_{cr}^+. Finally, the sought BIDE take the form

$$\begin{aligned} c_{lpjr} n_p(\zeta_+)\, \{ &-\int_{S_B} t_i(\eta)\, \partial_r' U_{ij}(\eta - \zeta_+)\, dS_\eta + c_{iskt}[\int_{S_B} \varkappa_{rsi}\, \partial_t' U_{kj}(\eta - \zeta_+)\, dS_\eta + \\ &+ \int_{S_{cr}^+} \Delta\varkappa_{rsi}\, \partial_t' U_{kj}(\eta - \zeta_+)\, dS_\eta]\} = t_l(\zeta_+)\,. \end{aligned} \tag{11}$$

The last integral in (11) is taken in the sense of the Cauchy principal value. Thus, the BIE (7) together with the BIDE (11) and boundary conditions give a system of boundary equations for the displacement discontinuities on S_{cr}^+ and unprescribed boundary quantities on S_B. Having solved this system of equations, the displacements on S_{cr}^+ and S_{cr}^- can be calculated from Δu_i and equation (8). Displacements and stresses at any interior point $y \in V$ are given by (5) and (9), respectively.

If we consider an infinite body loaded only at the crack surface, all the equations presented are still valid provided that the boundary integrals over S_B are omitted.

When a surface crack intersects the outer boundary, all the equations which have been written for an internal crack in a finite body are valid provided that $\zeta_B \in S_B \setminus (S_B \cap S_{cr})$ and $\zeta_+ \in S_{cr}^+ \setminus (S_{cr}^+ \cap S_B)$.

Finally, the boundary integral formulation of the plane problem for a crack in an infinite body will be discussed. In order to show the equivalence of the boundary integral formulation of a crack problem with the crack modelling by dislocations, we write the integral representations of the displacement field and stress field explicitly

$$\Delta(\boldsymbol{y})\, u_k(\boldsymbol{y}) = -\int_{S_{cr}^+} \Delta u_i(\boldsymbol{\eta})\, T_{ik}(\boldsymbol{\eta}-\boldsymbol{y})\, \mathrm{d}S_\eta\,, \tag{12}$$

$$\Delta(\boldsymbol{y})\, \sigma_{lp}(\boldsymbol{y}) = c_{lpjr}c_{iskt}\varepsilon_{3rs} \int_{S_{cr}^+} \frac{\partial \Delta u_i(\boldsymbol{\eta})}{\partial \tau(\boldsymbol{\eta})}\, \partial_t' U_{kj}(\boldsymbol{\eta}-\boldsymbol{y})\, \mathrm{d}S_\eta\,, \tag{13}$$

for $\boldsymbol{y} \,\bar{\in}\, S_{cr}$. The displacement discontinuities can be computed from the BIDE

$$c_{lpjr}c_{iskt}\varepsilon_{3rs}n_p(\zeta_+) \int_{S_{cr}^+} \frac{\partial \Delta u_i(\boldsymbol{\eta})}{\partial \tau(\boldsymbol{\eta})}\, \partial_t' U_{kj}(\boldsymbol{\eta}-\zeta_+)\, \mathrm{d}S_\eta = t_l(\zeta_+) \tag{14}$$

and the displacements on S_{cr} from Δu_i and Σu_i which is given by

$$\Sigma u_k(\zeta_+) = -2\int_{S_{cr}^+} \Delta u_i(\boldsymbol{\eta})\, T_{ik}(\boldsymbol{\eta}-\zeta_+)\, \mathrm{d}S_\eta\,. \tag{15}$$

In the case of an isotropic medium the kernel in (13) takes the form

$$c_{lpjr}c_{iskt}\varepsilon_{3rs}\, \partial_t' U_{kj}(\boldsymbol{\eta}-\boldsymbol{y}) = A_{ipl}(\boldsymbol{\eta}-\boldsymbol{y})\,, \tag{16}$$

where

$$A_{ipl} = \frac{1}{2\pi\mu r^2}\Big\{\delta_{i1}[r_2(\delta_{l1}\delta_{p1}B_1 + \delta_{l2}\delta_{p2}B_2) + r_1B_3(\delta_{l1}\delta_{p2} + \delta_{l2}\delta_{p1})] -$$

$$-\delta_{i2}[r_1(\delta_{l1}\delta_{p1}B_2 + \delta_{l2}\delta_{p2}B_1) + r_2B_3(\delta_{l1}\delta_{p2} + \delta_{l2}\delta_{p1})] + r_iB_4\left[\varepsilon_{pl3} + 2\frac{r_p}{r^2}(r_2\delta_{l1} - r_1\delta_{l2})\right]\Big\},$$

in which $B_1 = (2\mu^2 + \varkappa\mu - \varkappa^2)\, U_3 + 4\mu^2U_2 - \varkappa^2U_4$, $B_2 = -\varkappa(\varkappa+\mu)\, U_3 - 4\mu^2U_2 - \varkappa(\varkappa + 2\mu)\, U_4$, $B_3 = -\mu^2 \times (U_3 + 4U_2) - \varkappa\mu(U_3 + U_4)$, $B_4 = 2\mu^2(U_4 - 4U_2)$.

If we concentrate on the mode I problem for a straight crack embedded in an infinite plane, then $n_i(\zeta_+) = -\delta_{i2}$, $t_l(\zeta_+) \sim \delta_{l2}$, and from (14) and (16) it is seen that $\Delta u_i(\boldsymbol{\eta}) = \delta_{i2}\Delta u_2(\boldsymbol{\eta})$. In view of the symmetry, we have $\Delta u_2(\boldsymbol{\eta}) = 2u_2(\boldsymbol{\eta}_+)$. It is easy to verify that the given formulation reproduces that of RUDOLPHI and ASHBAUGH [16], $\partial\Delta u_i(\boldsymbol{\eta})/\partial\tau(\boldsymbol{\eta}) = 2\delta_{i2}\, \partial u_2(\boldsymbol{\eta})/\partial\eta_1$ being the distribution of edge dislocations.

In general crack problems the distribution of crack dislocations is defined by the tangential derivatives of the displacement discontinuities on the crack faces. If we consider a crack problem in an infinite elastic body, the traction boundary-integral equation (eq. (11) with the boundary integrals over S_B omitted) alone can be solved as the boundary integral equation for the distribution of crack dislocations. Once the distribution of crack dislocations is known the stress field at any point of the solid can be computed by the integral representation (9) with the integrals over S_B omitted. If the displacement field is required, the traction boundary-integral equation should be solved as the boundary integro-differential equation for the displacement discontinuities.

If a crack problem in a finite body is solved, the system of the boundary equations consisting of the BIE (7) and BIDE (11) is to be solved for the displacement discontinuities and the unknowns on S_B. This is a direct consequence of the interaction between the crack dislocations and the outer boundary S_B.

It is worthwhile to note that the proposed boundary integral formulation of crack problems can be easily extended to the many crack problems. It is sufficient to take for S_{cr}^+ the union of the crack surfaces $S_{cr}^{+(a)}$ corresponding to particular cracks ($a = 1, 2, \ldots, N$). The result is a non-perturbative theory of mutually interacting cracks including the interaction with the outer boundary if any.

It is also interesting to observe that the present boundary integral formulation of crack problems is applicable also to anisotropic, homogeneous elastic solids, though the fundamental solutions given in the Appendix A concern only isotropic continua. The fundamental solutions in an anisotropic medium are available in a closed form only for 2-d problems [17]; for 3-d problems they have been found only in an integral form [7, 18] and their evaluation requires numerical quadrature.

Concluding it is seen that the developed boundary integral formulation of crack problems is an extension of the crack modelling by dislocations.

3. Elastodynamics

In the previous section we have analysed elastic bodies with cracks subjected to static loads. This section is devoted to dynamically loaded stationary cracks. It is known [20] that stresses and displacements due to dynamic loading are described exactly by the theory of thermoelasticity. However, as long as the adiabatic assumptions are satisfied the use of classical elastodynamics is justified. The continuum is assumed to be isotropic, homogeneous, and linear elastic. Equations of motion are linear partial differential equations of hyperbolic type with constant coefficients

$$\mu u_{i,kk} + (\lambda_s + \mu)\, u_{k,ki} = \varrho \ddot{u}_i \tag{17}$$

where λ_s is the adiabatic value of the Lame constant in contrast to the isothermic value λ (see e.g. [12, 19, 20]). In the Laplace transform domain equation (17) takes the form

$$\mu \bar{u}_{i,kk} + (\lambda_s + \mu)\, \bar{u}_{k,ki} - \varrho p^2 \bar{u}_i = -\bar{X}_i \tag{18}$$

where the bar denotes the Laplace transform, p is the transform parameter and $\bar{X}_i$ is the body force vector due to the initial conditions

$$u_i(\boldsymbol{x}, t = 0+) = u_i(\boldsymbol{x})\,, \qquad \frac{\partial u_i}{\partial t}(\boldsymbol{x}, 0+) = \dot{u}_i(\boldsymbol{x})\,.$$

Thus,

$$\bar{X}_i(\boldsymbol{x}, p) = \varrho[p u_i(\boldsymbol{x}) + \dot{u}_i(\boldsymbol{x})]\,.$$

The fundamental solutions to equation (18) are given in the Appendix A. It should be noted that closed-form fundamental solutions in the time domain are also available [19]. Thus the dynamic crack problems can be formulated by the boundary integral method in time domain. Nevertheless, we give only the formulation in the Laplace transform domain. Such a formulation should be supplemented by a numerical inversion of the Laplace transform in order to be possible to obtain the solution in physical space.

Consider a finite body containing an internal crack. The integral representation of the displacement field is given as

$$\begin{aligned} \Delta(\boldsymbol{y})\, \bar{u}_k(\boldsymbol{y}, p) = {} & \int_V \bar{X}_i(\boldsymbol{x}, p)\, \bar{U}_{ik}(\boldsymbol{x} - \boldsymbol{y}, p)\, \mathrm{d}V_x - \int_{S_{cr}^+} \Delta\bar{u}_i(\boldsymbol{\eta}, p)\, \bar{T}_{ik}(\boldsymbol{\eta} - \boldsymbol{y}, p)\, \mathrm{d}S_\eta + \\ & + \int_{S_B} [\bar{t}_i(\boldsymbol{\eta}, p)\, \bar{U}_{ik}(\boldsymbol{\eta} - \boldsymbol{y}, p) - \bar{u}_i(\boldsymbol{\eta}, p)\, \bar{T}_{ik}(\boldsymbol{\eta} - \boldsymbol{y}, p)]\, \mathrm{d}S_\eta\,. \end{aligned} \tag{19}$$

The BIE can be deduced from (19) in the usual manner by letting $\boldsymbol{y} \to \boldsymbol{\zeta}_B \in S_B$. Using (B.4), we may write

$$\begin{aligned} & \int_{S_B} [\bar{u}_i(\boldsymbol{\eta}, p)\, \bar{T}_{ik}(\boldsymbol{\eta} - \boldsymbol{\zeta}_B, p) - \bar{u}_i(\boldsymbol{\zeta}_B, p)\, T_{ik}(\boldsymbol{\eta} - \boldsymbol{\zeta}_B)]\, \mathrm{d}S_\eta - \int_{S_B} \bar{t}_i(\boldsymbol{\eta}, p)\, \bar{U}_{ik}(\boldsymbol{\eta} - \boldsymbol{\zeta}_B, p)\, \mathrm{d}S_\eta + \\ & + \int_{S_{cr}^+} \Delta\bar{u}_i(\boldsymbol{\eta}, p)\, \bar{T}_{ik}(\boldsymbol{\eta} - \boldsymbol{\zeta}_B, p)\, \mathrm{d}S_\eta = \int_V \bar{X}_i(\boldsymbol{x}, p)\, \bar{U}_{ik}(\boldsymbol{x} - \boldsymbol{\zeta}_B, p)\, \mathrm{d}V_x\,. \end{aligned} \tag{20}$$

Letting the point $\boldsymbol{y}$ in (19) tend to a crack point $\boldsymbol{\zeta}_+ \in S_{cr}^+$, we obtain the integral expression for $\Sigma\bar{u}_k(\boldsymbol{\zeta}_+, p)$

$$\begin{aligned} \tfrac{1}{2}\, \Sigma\bar{u}_k(\boldsymbol{\zeta}_+, p) = {} & \int_V \bar{X}_i(\boldsymbol{x}, p)\, \bar{U}_{ik}(\boldsymbol{x} - \boldsymbol{\zeta}_+, p)\, \mathrm{d}V_x - \int_{S_{cr}^+} \Delta\bar{u}_i(\boldsymbol{\eta}, p)\, \bar{T}_{ik}(\boldsymbol{\eta} - \boldsymbol{\zeta}_+, p)\, \mathrm{d}S_\eta + \\ & + \int_{S_B} [\bar{t}_i(\boldsymbol{\eta}, p)\, \bar{U}_{ik}(\boldsymbol{\eta} - \boldsymbol{\zeta}_+, p) - \bar{u}_i(\boldsymbol{\eta}, p)\, \bar{T}_{ik}(\boldsymbol{\eta} - \boldsymbol{\zeta}_+, p)]\, \mathrm{d}S_\eta\,. \end{aligned} \tag{21}$$

Differentiating equation (19) with respect to the coordinates of $\boldsymbol{y}$ and using the stress-strain law, one obtains the integral representation of the stress field which cannot be employed in deriving additional boundary equations because of the strong singularity involved. When the regularization procedure [7] is applied to an integral representation, the singularities are decreased and the regularized integral representation of the stress field can be written as

$$\begin{aligned} \Delta(\boldsymbol{y})\, \bar{\sigma}_{lp}(\boldsymbol{y}, p) = c_{lpjr}\{ & -\int_V \bar{X}_i(\boldsymbol{x}, p)\, \partial_r \bar{U}_{ij}(\boldsymbol{x} - \boldsymbol{y}, p)\, \mathrm{d}V_x - \int_{S_B} \bar{t}_i(\boldsymbol{\eta}, p)\, \partial'_r \bar{U}_{ij}(\boldsymbol{\eta} - \boldsymbol{y}, p)\, \mathrm{d}S_\eta + \\ & + c_{iskt}[\int_{S_B} \bar{\varkappa}_{rsi}\, \partial'_t \bar{U}_{kj}(\boldsymbol{\eta} - \boldsymbol{y}, p)\, \mathrm{d}S_\eta + \int_{S_{cr}^+} \Delta\bar{\varkappa}_{rsi}\, \partial'_t \bar{U}_{kj}(\boldsymbol{\eta} - \boldsymbol{y}, p)\, \mathrm{d}S_\eta] + \\ & + \varrho p^2 [\int_{S_B} \bar{u}_i(\boldsymbol{\eta}, p)\, n_r(\boldsymbol{\eta})\, \bar{U}_{ij}(\boldsymbol{\eta} - \boldsymbol{y}, p)\, \mathrm{d}S_\eta = \int_{S_{cr}^+} \Delta\bar{u}_i(\boldsymbol{\eta}, p)\, n_r(\boldsymbol{\eta})\, \bar{U}_{ij}(\boldsymbol{\eta} - \boldsymbol{y}, p)\, \mathrm{d}S_\eta]\} \end{aligned} \tag{22}$$

where

$$\bar{\varkappa}_{rsi} = \hat{D}_{rs} \bar{u}_i(\boldsymbol{\eta}, p)\,, \qquad \Delta\bar{\varkappa}_{rsi} = \hat{D}_{rs} \Delta\bar{u}_i(\boldsymbol{\eta}, p)\,.$$

The BIDE resulting from (22) take the form

$$\begin{aligned} c_{lpjr} n_p(\boldsymbol{\zeta}_+)\, \{ & -\int_{S_B} \bar{t}_i(\boldsymbol{\eta}, p)\, \partial'_r \bar{U}_{ij}(\boldsymbol{\eta} - \boldsymbol{\zeta}_+, p)\, \mathrm{d}S_\eta + c_{iskt}[\int_{S_B} \bar{\varkappa}_{rsi}\, \partial'_t \bar{U}_{kj}(\boldsymbol{\eta} - \boldsymbol{\zeta}_+, p)\, \mathrm{d}S_\eta + \\ & + \int_{S_{cr}^+} \Delta\bar{\varkappa}_{rsi}\, \partial'_t \bar{U}_{kj}(\boldsymbol{\eta} - \boldsymbol{\zeta}_+, p)\, \mathrm{d}S_\eta] + \varrho p^2 [\int_{S_B} \bar{u}_i(\boldsymbol{\eta}, p)\, n_r(\boldsymbol{\eta})\, \bar{U}_{ij}(\boldsymbol{\eta} - \boldsymbol{\zeta}_+, p)\, \mathrm{d}S_\eta + \\ & + \int_{S_{cr}^+} \Delta\bar{u}_i(\boldsymbol{\eta}, p)\, n_r(\boldsymbol{\eta})\, \bar{U}_{ij}(\boldsymbol{\eta} - \boldsymbol{\zeta}_+, p)\, \mathrm{d}S_\eta]\} = \bar{t}_l(\boldsymbol{\zeta}_+, p) + \\ & + c_{lpjr} n_p(\boldsymbol{\zeta}_+) \int_V \bar{X}_i(\boldsymbol{x}, p)\, \partial_r \bar{U}_{ij}(\boldsymbol{x} - \boldsymbol{\zeta}_+, p)\, \mathrm{d}V_x\,. \end{aligned} \tag{23}$$

The system of the BIE (20) and BIDE (23) determines uniquely the displacement discontinuities (hence the distribution of crack dislocations as well) and unprescribed boundary quantities on S_B in the case of an internal crack embedded in a finite elastic body including the inertial effects. The displacement and stress fields are given by equations (19) and (22). Strictly speaking, all these equations give us only the Laplace transforms of the mentioned quantities.

In the case of a crack of any profile embedded in an infinite medium, equations (23), (25)—(28) can be employed provided that the boundary integrals over S_B are omitted. Thus the equation determining the distribution of crack dislocations, which is influenced with inertial effects but not affected with an outer boundary, takes the form

$$c_{lpjr}n_p(\zeta_+)\,[c_{iskt}\int_{S_{cr}^+}\Delta\varkappa_{rsi}\,\partial_t'\overline{U}_{kj}(\eta-\zeta_+,p)\,dS_\eta+\varrho p^2\int_{S_{cr}^+}\Delta\bar{u}_i(\eta,p)\,n_r(\eta)\,\overline{U}_{ij}(\eta-\zeta_+,p)\,dS_\eta]=$$
$$=\bar{t}_l(\zeta_+,p)+c_{lpjr}n_p(\zeta_+)\int_V\overline{X}_i(x,p)\,\partial_r\overline{U}_{ij}(x-\zeta_+,p)\,dV_x\,. \qquad (24)$$

The boundary integral formulation of an edge crack problem is formally the same as that of an internal crack problem, but the boundary points ζ_B and ζ_+, at which the boundary equations are considered, are not allowed to be taken from the intersection $S_B\cap S_{cr}$.

4. Thermoelasticity

In this section we give the boundary integral formulation of crack problems including the interaction between the elastic and thermal fields. Both the two- and three-dimensional problems are analysed simultaneously. In the general coupled theory of thermoelasticity the equations of motion for a homogeneous, isotropic and linear elastic medium are

$$\mu u_{i,kk}+(\lambda+\mu)\,u_{k,ki}=\varrho\ddot{u}_i+\gamma\theta_{,i}\,,\qquad \theta_{,kk}-\frac{1}{\varkappa_0}\dot{\theta}-\eta_0\dot{u}_{k,k}=0 \qquad (25)$$

where $\theta=T-T_0$ denotes the increase of temperature with respect to the natural state T_0 for which stresses and deformations are equal to zero. The meaning of the coefficients in equations (25) can be found in Ref. [11, 20]. Stresses are related to displacements and temperature as

$$\sigma_{ij}(x,t)=c_{ijkl}\,\partial_l u_k(x,t)-\delta_{ij}\gamma\theta(x,t)\,,\qquad c_{ijkl}=\lambda\delta_{ij}\delta_{kl}+\mu(\delta_{ik}\delta_{jl}+\delta_{il}\delta_{jk})\,.$$

Taking into account the initial conditions

$$u_i(x,0+)=u_i(x)\,,\qquad \frac{\partial u_i}{\partial t}(x,0+)=\dot{u}_i(x)\,,\qquad \theta(x,0+)=\theta(x)$$

the Laplace transforms of equations (25) become

$$\mu\bar{u}_{i,kk}+(\lambda+\mu)\,\bar{u}_{k,ki}-\varrho p^2\bar{u}_i-\gamma\bar{\theta}_{,i}=-\overline{X}_i\,,\qquad \bar{\theta}_{,kk}-\frac{p}{\varkappa_0}\bar{\theta}-\eta_0 p\bar{u}_{k,k}=-\frac{\overline{Q}}{p} \qquad (26)$$

where

$$\overline{X}_i(x,p)=\varrho[pu_i(x)+\dot{u}_i(x)]\,,\qquad \overline{\theta}(x,p)=\theta(x)+\eta_0u_{k,k}(x)\,.$$

Let $\{\bar{\theta}'(r,p),\overline{U}_i'(r,p)\}$ and $\{\bar{\theta}_j(r,p),\overline{U}_{ij}(r,p)\}$ denote the fundamental solutions induced by the body sources $\{\overline{Q}=\delta(x-y),\overline{X}_i=0\}$ and $\{\overline{Q}=0,\overline{X}_i=\delta_{ij}\delta(x-y)\}$, respectively. All the fundamental solutions are given in the Appendix A.

The boundary integral formulation of boundary value problems has been developed in [11] for two-dimensional thermoelasticity and in [12—14] for three-dimensional thermoelasticity. Following the procedure developed in the works cited, we can derive the boundary integral formulation of crack problems considered in the framework of thermoelasticity. Thus, we may write the following integral representations of the Laplace transforms of the temperature and displacement fields

$$\Delta(y)\,\bar{\theta}(y,p)=\int_V\left[\overline{Q}(x,p)\,\bar{\theta}'(|x-y|,p)-\frac{\varkappa_0\eta_0p}{\gamma}\overline{X}_i(x,p)\,\overline{U}_i'(x-y,p)\right]dV_x+$$
$$+\frac{\varkappa_0\eta_0p}{\gamma}\left\{\int_{S_B}[\bar{u}_i(\eta,p)\,\overline{T}_i'(\eta-y,p)-\bar{t}_i(\eta,p)\,\overline{U}_i'(\eta-y,p)]\,dS_\eta+\right.$$
$$\left.+\int_{S_{cr}^+}\Delta\bar{u}_i(\eta,p)\,\overline{T}_i'(\eta-y,p)\,dS_\eta\right\}+\varkappa_0\left\{-\int_{S_{cr}^+}\Delta\bar{\theta}(\eta,p)\,n_i(\eta)\,\partial_i'\bar{\theta}'(|\eta-y|,p)\,dS_\eta\right.$$
$$\left.+\int_{S_B}[\bar{q}(\eta,p)\,\bar{\theta}'(|\eta-y|,p)-\bar{\theta}(\eta,p)\,n_i(\eta)\,\partial_i'\bar{\theta}'(|\eta-y|,p)]\,dS_\eta\right\} \qquad (27)$$

$$\Delta(y)\,\bar{u}_k(y,p)=\int_V[\overline{X}_i(x,p)\,\overline{U}_{ik}(x-y,p)-\overline{Q}(x,p)\,\overline{U}_k'(x-y,p)]\,dV_x+$$
$$+\int_{S_B}[\bar{t}_i(\eta,p)\,\overline{U}_{ik}(\eta-y,p)-\bar{u}_i(\eta,p)\,\overline{T}_{ik}(\eta-y,p)]\,dS_\eta+$$
$$+\varkappa_0\int_{S_B}[\bar{\theta}(\eta,p)\,n_i(\eta)\,\partial_i'\overline{U}_k'(\eta-y,p)-\bar{q}(\eta,p)\,\overline{U}_k'(\eta-y,p)]\,dS_\eta-$$
$$-\int_{S_{cr}^+}\Delta\bar{u}_i(\eta,p)\,\overline{T}_{ik}(\eta-y,p)\,dS_\eta+\varkappa_0\int_{S_{cr}^+}\Delta\bar{\theta}(\eta,p)\,n_i(\eta)\,\partial_i'\overline{U}_k'(\eta-y,p)\,dS_\eta \qquad (28)$$

where

$$\Delta\bar{\theta}(\boldsymbol{\eta}, p) = \bar{\theta}(\boldsymbol{\eta}, p)\,|_{S^+_{cr}} - \bar{\theta}(\boldsymbol{\eta}, p)|_{S^-_{cr}}$$

and the quantity

$$\bar{q}(\boldsymbol{\eta}, p) = n_i(\boldsymbol{\eta})\,\partial'_i\bar{\theta}(\boldsymbol{\eta}, p)$$

is proportional to the Laplace transform of heat flux.

We suppose the crack to be loaded in such a way that equation (4) is satisfied. Moreover, neither heat source nor sink are supposed to be between the crack faces, hence

$$\Sigma\bar{q}(\boldsymbol{\eta}, p) = \bar{q}(\boldsymbol{\eta}, p)\,|_{S^+_{cr}} + \bar{q}(\boldsymbol{\eta}, p)|_{S^-_{cr}} = 0\,. \tag{29}$$

Differentiating (27) and (28) and making use of the regularization procedure [11, 12], we obtain the regularized integral representations of the temperature gradient and stress field

$$\begin{aligned}\Delta(\boldsymbol{y})\,\frac{\partial\theta(\boldsymbol{y}, p)}{\partial y_j} = &\int_V \left[\frac{\varkappa_0\eta_0 p}{\gamma}\,\bar{X}_i(\boldsymbol{x}, p)\,\partial_j\bar{U}'_i(\boldsymbol{x}-\boldsymbol{y}, p) - \bar{Q}(\boldsymbol{x}, p)\,\partial_j\bar{\theta}'(|\boldsymbol{x}-\boldsymbol{y}|, p)\right]\mathrm{d}V_x + \\ &+\frac{\varkappa_0\eta_0 p}{\gamma}\int_{S_B}[\bar{t}_i(\boldsymbol{\eta}, p)\,\partial'_j\bar{U}'_i(\boldsymbol{\eta}-\boldsymbol{y}, p) - \bar{u}_i(\boldsymbol{\eta}, p)\,\bar{T}'_{i,j}(\boldsymbol{\eta}-\boldsymbol{y}, p)]\,\mathrm{d}S_\eta + \\ &+\varkappa_0\int_{S_B}[(\bar{H}_{ji} - \delta_{ij}\bar{q}(\boldsymbol{\eta}, p))\,\partial'_i\bar{\theta}'(|\boldsymbol{\eta}-\boldsymbol{y}|, p) + \bar{\theta}(\boldsymbol{\eta}, p)\,n_j(\boldsymbol{\eta})\,\bar{\tau}(|\boldsymbol{\eta}-\boldsymbol{y}|, p)]\,\mathrm{d}S_\eta + \\ &+\varkappa_0\int_{S^+_{cr}}[\Delta\bar{H}_{ji}\,\partial'_i\bar{\theta}'(|\boldsymbol{\eta}-\boldsymbol{y}|, p) + \Delta\bar{\theta}(\boldsymbol{\eta}, p)\,n_j(\boldsymbol{\eta})\,\tau(|\boldsymbol{\eta}-\boldsymbol{y}|, p)]\,\mathrm{d}S_\eta - \\ &-\frac{\varkappa_0\eta_0 p}{\gamma}\int_{S^+_{cr}}\Delta\bar{u}_i(\boldsymbol{\eta}, p)\,\bar{T}'_{i,j}(\boldsymbol{\eta}-\boldsymbol{y}, p)\,\mathrm{d}S_\eta\,,\end{aligned} \tag{30}$$

$$\begin{aligned}\Delta(\boldsymbol{y})\,[\bar{\sigma}_{lp}(\boldsymbol{y}, p) + \delta_{lp}\gamma\bar{\theta}(\boldsymbol{y}, p)] = &\,c_{lpjr}\Big\{\int_V[\bar{Q}(\boldsymbol{x}, p)\,\partial_r\bar{U}'_j(\boldsymbol{x}-\boldsymbol{y}, p) - \bar{X}_i(\boldsymbol{x}, p)\,\partial_r\bar{U}_{ij}(\boldsymbol{x}-\boldsymbol{y}, p)]\,\mathrm{d}V_x + \\ &+\varkappa_0\int_{S_B}[\bar{q}(\boldsymbol{\eta}, p)\,\partial'_r\bar{U}'_j(\boldsymbol{\eta}-\boldsymbol{y}, p) - \bar{\theta}(\boldsymbol{\eta}, p)\,n_i(\boldsymbol{\eta})\,\partial'_i\partial'_r\bar{U}'_j(\boldsymbol{\eta}-\boldsymbol{y}, p)]\,\mathrm{d}S_\eta - \int_{S_B}\bar{t}_i(\boldsymbol{\eta}, p)\,\partial'_r\bar{U}_{ij}(\boldsymbol{\eta}-\boldsymbol{y}, p)\,\mathrm{d}S_\eta + \\ &+c_{iskt}\int_{S_B}\bar{\varkappa}_{rsi}\,\partial'_t\bar{U}_{kj}(\boldsymbol{\eta}-\boldsymbol{y}, p)\,\mathrm{d}S_\eta + \int_{S_B}\bar{u}_i(\boldsymbol{\eta}, p)\,[\varrho p^2 n_r(\boldsymbol{\eta})\,\bar{U}_{ij}(\boldsymbol{\eta}-\boldsymbol{y}, p) + \varkappa_0\eta_0 p\hat{D}_{ri}\bar{U}'_j(\boldsymbol{\eta}-\boldsymbol{y}, p)]\,\mathrm{d}S_\eta - \\ &-\varkappa_0\int_{S^+_{cr}}\Delta\bar{\theta}(\boldsymbol{\eta}, p)\,n_i(\boldsymbol{\eta})\,\partial'_i\partial'_r\bar{U}'_j(\boldsymbol{\eta}-\boldsymbol{y}, p)\,\mathrm{d}S_\eta + c_{iskt}\int_{S^+_{cr}}\Delta\bar{\varkappa}_{rsi}\,\partial'_t\bar{U}_{kj}(\boldsymbol{\eta}-\boldsymbol{y}, p)\,\mathrm{d}S_\eta + \\ &+\int_{S^+_{cr}}\Delta\bar{u}_i(\boldsymbol{\eta}, p)\,[\varrho p^2 n_r(\boldsymbol{\eta})\,\bar{U}_{ij}(\boldsymbol{\eta}-\boldsymbol{y}, p) + \varkappa_0\eta_0 p\hat{D}_{ri}\bar{U}'_j(\boldsymbol{\eta}-\boldsymbol{y}, p)]\,\mathrm{d}S_\eta\end{aligned} \tag{31}$$

where we have used the notations

$$\bar{H}_{ij} = \hat{D}_{ij}\bar{\theta}(\boldsymbol{\eta}, p)\,, \qquad \Delta\bar{H}_{ij} = \hat{D}_{ij}\Delta\bar{\theta}(\boldsymbol{\eta}, p)\,,$$

$\hat{D}_{ij}$ being defined by equation (10).

From the integral representations (27), (28), (30) and (31), it follows that the solution of any crack problem in thermoelasticity is given by these formulae provided that all the boundary quantities $\{\bar{u}_i(\boldsymbol{\eta}, p), \bar{t}_i(\boldsymbol{\eta}, p), \bar{\theta}(\boldsymbol{\eta}, p), \bar{q}(\boldsymbol{\eta}, p)\}$ on S_B and $\{\Delta\bar{u}_i(\boldsymbol{\eta}, p), \Delta\bar{\theta}(\boldsymbol{\eta}, p)\}$ on S_{cr} are known (quantities $\Delta\bar{\varkappa}_{rsi}$ and $\Delta\bar{H}_{ji}$ are known if we know $\Delta\bar{u}_i$ and $\Delta\bar{\theta}$). Only some of these boundary quantities are prescribed explicitly by boundary conditions. In what follows we derive a system of boundary equations which can be solved for unknown boundary quantities.

Using the results of the Appendix B, relations (B.4) and (B.5), we may perform the limit $\boldsymbol{y} \to \zeta_B \in S_B$ in (27) and (28) with the result

$$\begin{aligned}&\varkappa_0\int_{S_B}\{[\bar{\theta}(\boldsymbol{\eta}, p)\,\partial'_i\bar{\theta}'(|\boldsymbol{\eta}-\zeta_B|, p) - \bar{\theta}(\zeta_B, p)\,\partial'_i\theta'(|\boldsymbol{\eta}-\zeta_B|)]\,n_i(\boldsymbol{\eta}) - \bar{q}(\boldsymbol{\eta}, p)\,\bar{\theta}'(|\boldsymbol{\eta}-\zeta_B|, p)\}\,\mathrm{d}S_\eta + \\ &+\frac{\varkappa_0\eta_0 p}{\gamma}\int_{S_B}[\bar{t}_i(\boldsymbol{\eta}, p)\,\bar{U}'_i(\boldsymbol{\eta}-\zeta_B, p) - \bar{u}_i(\boldsymbol{\eta}, p)\,\bar{T}'_i(\boldsymbol{\eta}-\zeta_B, p)]\,\mathrm{d}S_\eta + \\ &+\varkappa_0\int_{S^+_{cr}}\Delta\bar{\theta}(\boldsymbol{\eta}, p)\,n_i(\boldsymbol{\eta})\,\partial'_i\bar{\theta}'(|\boldsymbol{\eta}-\zeta_B|, p)\,\mathrm{d}S_\eta - \frac{\varkappa_0\eta_0 p}{\gamma}\int_{S^+_{cr}}\Delta\bar{u}_i(\boldsymbol{\eta}, p)\,\bar{T}'_i(\boldsymbol{\eta}, -\zeta_B, p)\,\mathrm{d}S_\eta = \\ &=\int_V\left[\bar{Q}(\boldsymbol{x}, p)\,\bar{\theta}'(|\boldsymbol{x}-\zeta_B|, p) - \frac{\varkappa_0\eta_0 p}{\gamma}\,\bar{X}_i(\boldsymbol{x}, p)\,\bar{U}'_i(\boldsymbol{x}-\zeta_B, p)\right]\mathrm{d}V_x\,,\end{aligned} \tag{32}$$

$$\int_{S_B} [\bar{u}_i(\boldsymbol{\eta}, p)\, \overline{T}_{ik}(\boldsymbol{\eta} - \zeta_B, p) - \bar{u}_i(\zeta_B, p)\, T_{ik}(\boldsymbol{\eta} - \zeta_B) - \bar{t}_i(\boldsymbol{\eta}, p)\, \overline{U}_{ik}(\boldsymbol{\eta} - \zeta_B, p)]\, \mathrm{d}S_\eta +$$
$$+ \varkappa_0 \int_{S_B} [\bar{q}(\boldsymbol{\eta}, p)\, \overline{U}'_k(\boldsymbol{\eta} - \zeta_B, p) - \bar{\theta}(\boldsymbol{\eta}, p)\, n_i(\boldsymbol{\eta})\, \partial'_i \overline{U}'_k(\boldsymbol{\eta} - \zeta_B, p)]\, \mathrm{d}S_\eta +$$
$$+ \int_{S_{cr}^+} \Delta\bar{u}_i(\boldsymbol{\eta}, p)\, \overline{T}_{ik}(\boldsymbol{\eta} - \zeta_B, p)\, \mathrm{d}S_\eta - \varkappa_0 \int_{S_{cr}^+} \Delta\bar{\theta}(\boldsymbol{\eta}, p)\, n_i(\boldsymbol{\eta})\, \partial'_i \overline{U}'_k(\boldsymbol{\eta} - \zeta_B, p)\, \mathrm{d}S_\eta =$$
$$= \int_V [\overline{X}_i(\boldsymbol{x}, p)\, \overline{U}_{ik}(\boldsymbol{x} - \zeta_B, p) - \overline{Q}(\boldsymbol{x}, p)\, \overline{U}'_k(\boldsymbol{x} - \zeta_B, p)]\, \mathrm{d}V_x\,. \tag{33}$$

Since the crack surface is assumed to be smooth, the limit approach $\boldsymbol{y} \to \zeta_+ \in S_{cr}^+$ in (30) and (31) can be carried out by making use of the limit properties of the single and double layer potentials. Thus, we obtain

$$\bar{q}(\zeta_+, p) + n_j(\zeta_+) \left\{ \frac{\varkappa_0 \eta_0 p}{\gamma} \int_{S_B} [\bar{u}_i(\boldsymbol{\eta}, p)\, \overline{T}'_{i,j}(\boldsymbol{\eta} - \zeta_+, p) - \bar{t}_i(\boldsymbol{\eta}, p)\, \partial'_j \overline{U}'_i(\boldsymbol{\eta} - \zeta_+, p)]\, \mathrm{d}S_\eta - \right.$$
$$- \varkappa_0 \int_{S_B} [(\overline{H}_{ji} - \delta_{ij} \bar{q}(\boldsymbol{\eta}, p))\, \partial'_i \bar{\theta}'(|\boldsymbol{\eta} - \zeta_+|, p) + \bar{\theta}(\boldsymbol{\eta}, p)\, n_j(\boldsymbol{\eta})\, \bar{\tau}(|\boldsymbol{\eta} - \zeta_+|, p)]\, \mathrm{d}S_\eta -$$
$$- \varkappa_0 \int_{S_{cr}^+} [\Delta \overline{H}_{ji}\, \partial'_i \bar{\theta}'(|\boldsymbol{\eta} - \zeta_+|, p) + \Delta\bar{\theta}(\boldsymbol{\eta}, p)\, n_j(\boldsymbol{\eta})\, \bar{\tau}(\boldsymbol{\eta}|\boldsymbol{\eta} - \zeta_+|, p)]\, \mathrm{d}S_\eta +$$
$$\left. + \frac{\varkappa_0 \eta_0 p}{\gamma} \int_{S_{cr}^+} \Delta\bar{u}_i(\boldsymbol{\eta}, p)\, \overline{T}'_{i,j}(\boldsymbol{\eta} - \zeta_+, p)\, \mathrm{d}S_\eta \right\} = \tag{34}$$
$$= n_j(\zeta_+) \int_V \left[\frac{\varkappa_0 \eta_0 p}{\gamma} \overline{X}_i(\boldsymbol{x}, p)\, \partial_j \overline{U}'_i(\boldsymbol{x} - \zeta_+, p) - \overline{Q}(\boldsymbol{x}, p)\, \partial_j \bar{\theta}'(|\boldsymbol{x} - \zeta_+|, p) \right] \mathrm{d}V_x$$

$$- \frac{\gamma}{2} n_l(\zeta_+)\, \Sigma\, \bar{\theta}(\zeta_+, p) + c_{lpjr} n_p(\zeta_+) \left\{ \varkappa_0 \int_{S_B} [\bar{q}(\boldsymbol{\eta}, p)\, \partial'_r \overline{U}'_j(\boldsymbol{\eta} - \zeta_+, p) - \bar{\theta}(\boldsymbol{\eta}, p)\, n_i(\boldsymbol{\eta})\, \partial'_i \partial'_r \overline{U}'_j(\boldsymbol{\eta} - \zeta_+, p)]\, \mathrm{d}S_\eta - \right.$$
$$- \int_{S_B} \bar{t}_i(\boldsymbol{\eta}, p)\, \partial'_r \overline{U}_{ij}(\boldsymbol{\eta} - \zeta_+, p)\, \mathrm{d}S_\eta + c_{iskt} \int_{S_B} \bar{\varkappa}_{rsi}\, \partial'_t \overline{U}_{kj}(\boldsymbol{\eta} - \zeta_+, p)\, \mathrm{d}S_\eta +$$
$$+ \int_{S_B} \bar{u}_i(\boldsymbol{\eta}, p)\, [\varrho p^2 n_r(\boldsymbol{\eta})\, \overline{U}_{ij}(\boldsymbol{\eta} - \zeta_+, p) + \varkappa_0 \eta_0 p \hat{D}_{ri} \overline{U}'_j(\boldsymbol{\eta} - \zeta_+, p)]\, \mathrm{d}S_\eta -$$
$$- \varkappa_0 \int_{S_{cr}^+} \Delta\bar{\theta}(\boldsymbol{\eta}, p)\, n_i(\boldsymbol{\eta})\, \partial'_i \partial'_r \overline{U}'_j(\boldsymbol{\eta} - \zeta_+, p)\, \mathrm{d}S_\eta + c_{iskt} \int_{S_{cr}^+} \Delta\bar{\varkappa}_{rsi}\, \partial'_t \overline{U}_{kj}(\boldsymbol{\eta} - \zeta_+, p)\, \mathrm{d}S_\eta +$$
$$\left. + \int_{S_{cr}^+} \Delta\bar{u}_i(\boldsymbol{\eta}, p)\, [\varrho p^2 n_r(\boldsymbol{\eta})\, \overline{U}_{ij}(\boldsymbol{\eta} - \zeta_+, p) + \varkappa_0 \eta_0 p \hat{D}_{ri} \overline{U}'_j(\boldsymbol{\eta} - \zeta_+, p)]\, \mathrm{d}S_\eta \right\} =$$
$$= \bar{t}_l(\zeta_+, p) + c_{lpjr} n_p(\zeta_+) \int_V [\overline{X}_i(\boldsymbol{x}, p)\, \partial_r \overline{U}_{ij}(\boldsymbol{x} - \zeta_+, p) - \overline{Q}(\boldsymbol{x}, p)\, \partial_r \overline{U}'_j(\boldsymbol{x} - \zeta_+, p)]\, \mathrm{d}V_x \tag{35a}$$

where

$$\frac{1}{2} \Sigma\bar{\theta}(\zeta_+, p) = \int_V \left[\overline{Q}(\boldsymbol{x}, p)\, \bar{\theta}'(|\boldsymbol{x} - \zeta_+|, p) - \frac{\varkappa_0 \eta_0 p}{\gamma} \overline{X}_i(\boldsymbol{x}, p)\, \overline{U}'_i(\boldsymbol{x} - \zeta_+, p) \right] \mathrm{d}V_x +$$
$$+ \frac{\varkappa_0 \eta_0 p}{\gamma} \left\{ \int_{S_B} [\bar{u}_i(\boldsymbol{\eta}, p)\, \overline{T}'_i(\boldsymbol{\eta} - \zeta_+, p) - \bar{t}_i(\boldsymbol{\eta}, p)\, \overline{U}'_i(\boldsymbol{\eta} - \zeta_+, p)]\, \mathrm{d}S_\eta + \right.$$
$$\left. + \int_{S_{cr}^+} \Delta\bar{u}_i(\boldsymbol{\eta}, p)\, \overline{T}'_i(\boldsymbol{\eta} - \zeta_+, p)\, \mathrm{d}S_\eta \right\} + \varkappa_0 \left\{ - \int_{S_{cr}^+} \Delta\bar{\theta}(\boldsymbol{\eta}, p)\, n_i(\boldsymbol{\eta})\, \partial'_i \bar{\theta}'(|\boldsymbol{\eta} - \zeta_+|, p)\, \mathrm{d}S_\eta + \right.$$
$$\left. + \int_{S_B} [\bar{q}(\boldsymbol{\eta}, p)\, \bar{\theta}'(|\boldsymbol{\eta} - \zeta_+|, p) - \bar{\theta}(\boldsymbol{\eta}, p)\, n_i(\boldsymbol{\eta})\, \partial'_i \bar{\theta}'(|\boldsymbol{\eta} - \zeta_+|, p)]\, \mathrm{d}S_\eta \right\}. \tag{35b}$$

The expression of $\Sigma\bar{\theta}(\zeta_+, p)$ has been deduced from (27) by letting the point y tend to a crack point $\zeta_+ \in S_{cr}^+$. Similarly, from (28), we have

$$\tfrac{1}{2} \Sigma\bar{u}_k(\zeta_+, p) = \int_V [\overline{X}_i(\boldsymbol{x}, p)\, \overline{U}_{ik}(\boldsymbol{x} - \zeta_+, p) - \overline{Q}(\boldsymbol{x}, p)\, \overline{U}'_k(\boldsymbol{x} - \zeta_+, p)]\, \mathrm{d}V_x +$$
$$+ \int_{S_B} [\bar{t}_i(\boldsymbol{\eta}, p)\, \overline{U}_{ik}(\boldsymbol{\eta} - \zeta_+, p) - \bar{u}_i(\boldsymbol{\eta}, p)\, \overline{T}_{ik}(\boldsymbol{\eta} - \zeta_+, p)]\, \mathrm{d}S_\eta +$$
$$+ \varkappa_0 \int_{S_B} [\bar{\theta}(\boldsymbol{\eta}, p)\, n_i(\boldsymbol{\eta})\, \partial'_i \overline{U}'_k(\boldsymbol{\eta} - \zeta_+, p) - \bar{q}(\boldsymbol{\eta}, p)\, \overline{U}'_k(\boldsymbol{\eta} - \zeta_+, p)]\, \mathrm{d}S_\eta -$$
$$- \int_{S_{cr}^+} \Delta\bar{u}_i(\boldsymbol{\eta}, p)\, \overline{T}_{ik}(\boldsymbol{\eta} - \zeta_+, p)\, \mathrm{d}S_\eta + \varkappa_0 \int_{S_{cr}^+} \Delta\bar{\theta}(\boldsymbol{\eta}, p)\, n_i(\boldsymbol{\eta})\, \partial'_i \overline{U}'_k(\boldsymbol{\eta} - \zeta_+, p)\, \mathrm{d}S_\eta\,. \tag{36}$$

It is evident that the system of boundary equations (31)—(35) taken together with boundary conditions is sufficient to compute uniquely the unknown boundary quantities. There are two cases when it is sufficient to solve equations (31)—(33) and (35); firstly if the temperature on S_{cr} is prescribed; secondly if the problem is symmetric with respect to S_{cr} when $\Delta\theta = 0$. All the equations (31)—(35) are to be solved only if the heat flux across the crack is prescribed. The displacements on S_{cr} can be computed from $\Delta\bar{u}_i$ and $\Sigma\bar{u}_i$, the latter being given by (36).

It should be noted that equations (31)—(35) can also be applied to the edge crack problems provided that ζ_B and ζ_+ are not taken from the intersection $S_{cr} \cap S_B$. Furthermore, the present boundary integral formulation with the boundary integrals over S_B omitted is also applicable to crack problems in an infinite thermoelastic medium.

The present formulation concerns only crack problems in the general coupled theory of thermoelasticity. In addition to classical elastodynamics and elastostatics there are known four other special classes of problems of thermoelasticity which are physically interesting. These are: quasi-static thermoelasticity, uncoupled thermoelasticity (thermal stresses), quasi-static uncoupled thermoelasticity, and stationary thermoelasticity. It is known [19] that the time dependent fundamental solutions are available in closed forms for quasi-static problems of thermoelasticity and quasi-static problems of uncoupled thermoelasticity in both the 2-d and 3-d problems as well as for thermal stresses in 3-d problems. Thus, the Laplace transform technique is not necessary for these classes of thermoelastic problems. In the case of harmonic steady-state problems the time dependence of all the fields is known a priori and the boundary integral formulation for the amplitudes of harmonic oscillations can be obtained from the present formulation given for the Laplace transforms by simple change $p \to -i\omega$, ω being the frequency of harmonic oscillations.

The salient features of the present theoretical developments for boundary integral method in crack problems are as follows:

(i) The boundary integral method is applicable to crack problems with any crack profile and arbitrary loading.

(ii) The present boundary integral formulation of crack problems is a non-perturbative theory of crack dislocations. The distribution of crack dislocations and the unknowns on the outer boundary of a finite cracked body are determined uniquely by a system of boundary equations including the interaction between the crack dislocations and outer boundary as well as the mutual interaction between the cracks in the many crack problems.

(iii) The present theory of crack dislocations includes also the inertial effects when the dynamically loaded cracked body with a stationary crack is studied.

(iv) The boundary integral formulation of crack problems in the framework of thermoelasticity represents the theory of crack dislocations which includes the influence of thermal effects on the distribution of crack dislocations.

The numerical implementation of the proposed method for crack modelling has not been discussed here. We note that ordinary boundary element techniques [15] as well as special crack elements can be used appropriately. As regards the numerical results reached by the advanced boundary integral formulation of crack problems some applications can be found in a concentrate form in Ref. [19]. Finally, we bring some illustrative rather than exhaustive references to the applications of the boundary integral method to crack problems in particular fields of elasticity; [6, 8, 16] and [21—25] in elastostatics, [9] and [26] in elastodynamics, [27] in thermoelasticity, [28] in viscoelasticity, and [29] in micropolar elasticity.

Appendix A

Fundamental solutions

Throughout the Appendix we shall use the following notations

$$r_{,i} = r_i/r\,, \qquad r_i = x_i - y_i\,, \qquad r = |\boldsymbol{r}|\,, \qquad \partial_i = \partial/\partial x_i$$

3 — *d* Elastostatics

$$U_{ik}(\boldsymbol{r}) = \frac{1}{r}\,(U_1\delta_{ik} + U_2 r_{,i} r_{,k})\,, \qquad \partial_l U_{km}(\boldsymbol{r}) = \frac{1}{r^2}\,[(U_2 + U_3)\, r_{,l}\delta_{km} + U_2(r_{,m}\delta_{kl} + r_{,k}\delta_{lm}) + U_4 r_{,k} r_{,l} r_{,m}]\,,$$

$$U_1 = \frac{\lambda + 3\mu}{8\pi\mu(\lambda + 2\mu)}\,, \qquad U_2 = \frac{\lambda + \mu}{8\pi\mu(\lambda + 2\mu)}\,, \qquad U_3 = -\frac{1}{4\pi\mu}\,, \qquad U_4 = -3U_2\,.$$

2 — *d* Elastostatics

$$U_{ik}(\boldsymbol{r}) = \frac{1}{2\pi\mu}\,(U_1\delta_{ik} + U_2 r_{,i} r_{,k})\,, \qquad \partial_k U_{ij}(\boldsymbol{r}) = \frac{1}{2\pi\mu r}\,[(U_2 + U_3)\, r_{,k}\delta_{ij} + U_2(r_{,j}\delta_{ik} + r_{,i}\delta_{jk}) + (U_4 - 4U_2)\, r_{,i} r_{,j} r_{,k}]\,,$$

$$U_1 = \frac{\varkappa + 3\mu}{2(\varkappa + 2\mu)} \ln\frac{1}{r}\,, \qquad U_2 = \frac{\varkappa + \mu}{2(\varkappa + 2\mu)}\,, \qquad U_3 = -1\,, \qquad U_4 = 2U_2\,.$$

3 — *d* Elastodynamics

$$\overline{U}_{ik}(\boldsymbol{r}, p) = \frac{1}{r}\,(U_1\delta_{ik} + U_2 r_{,i} r_{,k})\,, \qquad \partial_k \overline{U}_{ij}(\boldsymbol{r}, p) = \frac{1}{r^2}\,[(U_2 + U_3)\, r_{,k}\delta_{ij} + U_2(r_{,j}\delta_{ik} + r_{,i}\delta_{jk}) + U_4 r_{,i} r_{,j} r_{,k}]\,,$$

$$U_1 = \frac{1}{4\pi\varrho}\left\{\frac{1}{c_2^2}\,e^{-pr/c_2} - \frac{1}{p^2r^2}\left[\left(1 + \frac{pr}{c_1}\right)e^{-pr/c_1} - \left(1 + \frac{pr}{c_2}\right)e^{-pr/c_2}\right]\right\},$$

$$U_2 = -\frac{1}{4\pi\varrho}\left\{\frac{1}{c_2^2}\,e^{-pr/c_2} - \frac{1}{c_1^2}\,e^{-pr/c_1} - \frac{3}{p^2r^2}\left[\left(1 + \frac{pr}{c_1}\right)e^{-pr/c_1} - \left(1 + \frac{pr}{c_2}\right)e^{-pr/c_2}\right]\right\}$$

$$U_3 = -\frac{1}{4\pi\mu}\left(1+\frac{pr}{c_2}\right)e^{-pr/c_2}, \qquad U_4 = \frac{1}{4\pi\varrho}\left\{\left[\frac{1}{c_2^2}\left(6+\frac{pr}{c_2}\right)+\frac{15}{p^2r^2}\left(1+\frac{pr}{c_2}\right)\right]e^{-pr/c_2} - \right.$$
$$\left. - \left[\frac{1}{c_1^2}\left(6+\frac{pr}{c_1}\right)+\frac{15}{p^2r^2}\left(1+\frac{pr}{c_1}\right)\right]e^{-pr/c_1}\right\}$$

and the following expressions hold in both the $3-d$ and $2-d$ elastodynamics

$$c_1^2 = \frac{\lambda_s + 2\mu}{\varrho}, \qquad c_2^2 = \frac{\mu}{\varrho}, \qquad c_{ijkl} = \lambda_s\delta_{ij}\delta_{kl} + \mu(\delta_{ik}\delta_{jl} + \delta_{il}\delta_{jk}),$$
$$\overline{T}_{im}(\boldsymbol{\eta} - \boldsymbol{y}, p) = c_{ijkl}n_j(\boldsymbol{\eta})\,\partial_l'\overline{U}_{km}(\boldsymbol{\eta} - \boldsymbol{y}, p).$$

$2-d$ Elastodynamics

$$\overline{U}_{ik}(\boldsymbol{r}, p) = \frac{1}{2\pi\mu}(U_1\delta_{ik} + U_2 r_{,i} r_{,k}), \qquad Re\{p\} > 0,$$
$$\partial_k\overline{U}_{ij}(\boldsymbol{r}, p) = \frac{1}{2\pi\mu r}[(U_2 + U_3)\, r_{,k}\delta_{ij} + U_2(r_{,j}\delta_{ik} + r_{,i}\delta_{jk}) + (U_4 - 4U_2)\, r_{,i} r_{,j} r_{,k}],$$
$$U_1 = K_0\left(\frac{pr}{c_2}\right) + \frac{c_2}{pr}K_1\left(\frac{pr}{c_2}\right) - \left(\frac{c_2}{c_1}\right)^2\frac{c_1}{pr}K_1\left(\frac{pr}{c_1}\right),$$
$$U_2 = \left(\frac{c_2}{c_1}\right)^2\left[K_0\left(\frac{pr}{c_1}\right) + 2\frac{c_1}{pr}K_1\left(\frac{pr}{c_1}\right)\right] - \left[K_0\left(\frac{pr}{c_2}\right) + 2\frac{c_2}{pr}K_1\left(\frac{pr}{c_2}\right)\right],$$
$$U_3 = -\frac{pr}{c_2}K_1\left(\frac{pr}{c_2}\right), \qquad U_4 = \frac{pr}{c_2}K_1\left(\frac{pr}{c_2}\right) - \left(\frac{c_2}{c_1}\right)^2\frac{pr}{c_1}K_1\left(\frac{pr}{c_1}\right)$$

where $K_n(z)$ is the modified Bessel function of the third kind and the n-th order.

$3-d$ Thermoelasticity

$$\overline{\theta}'(r, p) = \frac{1}{\varkappa_0 r}g_2, \qquad g_2 = \frac{1}{4\pi(\lambda_1^2 - \lambda_2^2)}\left[\left(\lambda_1^2 - \frac{p^2}{c_1^2}\right)e^{-\lambda_1 r} - \left(\lambda_2^2 - \frac{p^2}{c_1^2}\right)e^{-\lambda_2 r}\right],$$
$$\partial_i\overline{\theta}'(r, p) = -\frac{r_{,i}}{\varkappa_0 r}g_4, \qquad g_4 = \frac{1}{4\pi(\lambda_1^2 - \lambda_2^2)\, r}\left[\left(\lambda_1^2 - \frac{p^2}{c_1^2}\right)(1 + \lambda_1 r)\, e^{-\lambda_1 r} - \left(\lambda_2^2 - \frac{p^2}{c_1^2}\right)(1 + \lambda_2 r)\, e^{-\lambda_2 r}\right],$$
$$\overline{U}_i'(\boldsymbol{r}, p) = -\frac{r_{,i}}{\varkappa_0 r}g_1, \qquad g_1 = \frac{m}{4\pi(\lambda_1^2 - \lambda_2^2)\, r}[(1 + \lambda_1 r)\, e^{-\lambda_1 r} - (1 + \lambda_2 r)\, e^{-\lambda_2 r}],$$
$$\partial_i\overline{U}_k'(\boldsymbol{r}, p) = \frac{1}{\varkappa_0 r}\left[r_{,i} r_{,k} g_3 - \frac{1}{r}(\delta_{ik} - 3r_{,i} r_{,k})\, g_1\right],$$
$$\partial_j\partial_k\overline{U}_i'(\boldsymbol{r}, p) = \frac{1}{\varkappa_0 r^2}\left[(r_{,i}\delta_{jk} + r_{,j}\delta_{ik} + r_{,k}\delta_{ij} - 3r_{,i} r_{,j} r_{,k})\left(g_3 + \frac{3}{r}g_1\right) - g_6 r_{,i} r_{,j} r_{,k}\right],$$
$$g_3 = \frac{m}{4\pi(\lambda_1^2 - \lambda_2^2)}(\lambda_1^2\, e^{-\lambda_1 r} - \lambda_2^2\, e^{-\lambda_2 r}), \qquad g_6 = \frac{m}{4\pi(\lambda_1^2 - \lambda_2^2)}[\lambda_1^2(1 + \lambda_1 r)\, e^{-\lambda_1 r} - \lambda_2^2(1 + \lambda_2 r)\, e^{-\lambda_2 r}] + 2\left(g_3 + \frac{3}{r}g_1\right),$$
$$\overline{U}_{ij}(\boldsymbol{r}, p) = \frac{1}{r}(U_1\delta_{ij} + U_2 r_{,i} r_{,j}), \qquad \partial_k\overline{U}_{ij}(\boldsymbol{r}, p) = \frac{1}{r^2}[(U_2 + U_3)\, r_{,k}\delta_{ij} + U_2(r_{,j}\delta_{ik} + r_{,i}\delta_{jk}) + U_4 r_{,i} r_{,j} r_{,k}],$$
$$U_1 = \frac{1}{4\pi\varrho}\left\{\left[\frac{1}{c_2^2} + \frac{1}{p^2r^2}\left(1 + \frac{pr}{c_2}\right)\right]e^{-pr/c_2} + \frac{1}{r^2}[A_1(1 + \lambda_1 r)\, e^{-\lambda_1 r} - A_2(1 + \lambda_2 r)\, e^{-\lambda_2 r}]\right\},$$
$$U_2 = -\frac{1}{4\pi\varrho}\left\{\left[\frac{1}{c_2^2} + \frac{3}{p^2r^2}\left(1 + \frac{pr}{c_2}\right)\right]e^{-pr/c_2} + A_1\left[\lambda_1^2 + \frac{3}{r^2}(1 + \lambda_1 r)\right]e^{-\lambda_1 r} - A_2\left[\lambda_2^2 + \frac{3}{r^2}(1 + \lambda_2 r)\right]e^{-\lambda_2 r}\right\},$$
$$U_3 = -\frac{1}{4\pi\mu}\left(1 + \frac{pr}{c_2}\right)e^{-pr/c_2},$$
$$U_4 = \frac{1}{4\pi\varrho}\left\{\left[\frac{1}{c_2^2}\left(6 + \frac{pr}{c_2}\right) + \frac{15}{p^2r^2}\left(1 + \frac{pr}{c_2}\right)\right]e^{-pr/c_2} + A_1\left[\lambda_1^2(6 + \lambda_1 r) + \frac{15}{r^2}(1 + \lambda_1 r)\right]e^{-\lambda_1 r} - \right.$$
$$\left. - A_2\left[\lambda_2^2(6 + \lambda_2 r) + \frac{15}{r^2}(1 + \lambda_2 r)\right]e^{-\lambda_2 r}\right\},$$
$$\overline{\tau}(r, p) = \frac{1}{4\pi\varkappa_0(\lambda_1^2 - \lambda_2^2)\, r}\left[\lambda_1^2\left(\lambda_1^2 - \frac{p^2}{c_1^2}\right)e^{-\lambda_1 r} - \lambda_2^2\left(\lambda_2^2 - \frac{p^2}{c_1^2}\right)e^{-\lambda_2 r}\right], \qquad \partial_i\theta'(r) = -\frac{r_{,i}}{4\pi\varkappa_0 r^2}$$

and the following expressions are valid in both the $3-d$ and $2-d$ thermoelasticity:

$$\frac{\partial\overline{\theta}'(|\boldsymbol{\eta} - \boldsymbol{y}|, p)}{\partial\boldsymbol{n}(\boldsymbol{\eta})} = n_i(\boldsymbol{\eta})\,\partial_i'\overline{\theta}'(|\boldsymbol{\eta} - \boldsymbol{y}|, p), \qquad \overline{T}_i'(\boldsymbol{\eta} - \boldsymbol{y}, p) = c_{ijkl}n_j(\boldsymbol{\eta})\,\partial_l'\overline{U}_k'(\boldsymbol{\eta} - \boldsymbol{y}, p) - \gamma n_i(\boldsymbol{\eta})\,\overline{\theta}'(|\boldsymbol{\eta} - \boldsymbol{y}|, p),$$
$$\overline{T}_{i,j}'(\boldsymbol{\eta} - \boldsymbol{y}, p) = c_{iskl}n_s(\boldsymbol{\eta})\,\partial_j'\partial_l'\overline{U}_k'(\boldsymbol{\eta} - \boldsymbol{y}, p) - \gamma n_i(\boldsymbol{\eta})\,\partial_j'\theta'(|\boldsymbol{\eta} - \boldsymbol{y}|, p), \qquad \overline{\theta}_j(\boldsymbol{r}, p) = \frac{\varkappa_0\eta_0 p}{\gamma}\overline{U}_j'(\boldsymbol{r}, p),$$
$$\overline{T}_{im}(\boldsymbol{\eta} - \boldsymbol{y}, p) = c_{ijkl}n_j(\boldsymbol{\eta})\,\partial_l'\overline{U}_{km}(\boldsymbol{\eta} - \boldsymbol{y}, p) - \varkappa_0\eta_0 p n_i(\boldsymbol{\eta})\,\overline{U}_m'(\boldsymbol{\eta} - \boldsymbol{y}, p),$$
$$\lambda_{1,2}^2 = \frac{1}{2}\left\{\beta^2 + \left(\frac{p}{c_1}\right)^2 \pm \left[\left(\beta^2 + \left(\frac{p}{c_1}\right)^2\right)^2 - 4\beta_0^2\left(\frac{p}{c_1}\right)^2\right]^{1/2}\right\},$$
$$\beta^2 = \beta_0^2(1 + \varepsilon), \qquad \beta_0^2 = \frac{p}{\varkappa_0}, \qquad \varepsilon = m\eta_0\varkappa_0, \qquad m = \frac{\gamma}{\lambda + 2\mu}, \qquad c_1^2 = \frac{\lambda + 2\mu}{\varrho}, \qquad c_2^2 = \frac{\mu}{\varrho},$$
$$A_1 = \frac{1}{\lambda_1^2 c_1^2}\frac{\lambda_1^2 - \beta_0^2}{\lambda_2^2 - \lambda_1^2}, \qquad A_2 = \frac{1}{\lambda_2^2 c_1^2}\frac{\lambda_2^2 - \beta_0^2}{\lambda_2^2 - \lambda_1^2}.$$

2 — d Thermoelasticity

$$\bar{\theta}'(r, p) = \frac{1}{2\pi\varkappa_0(\lambda_1^2 - \lambda_2^2)} \left[\left(\lambda_1^2 - \frac{p^2}{c_1^2}\right) K_0(\lambda_1 r) - \left(\lambda_2^2 - \frac{p^2}{c_1^2}\right) K_0(\lambda_2 r)\right], \qquad \partial_i\bar{\theta}'(r, p) = \frac{r_{,i}}{\varkappa_0 r} G_2,$$

$$G_2 = \frac{1}{2\pi(\lambda_1^2 - \lambda_2^2)} \left[\left(\lambda_2^2 - \frac{p^2}{c_1^2}\right) \lambda_2 r K_1(\lambda_2 r) - \left(\lambda_1^2 - \frac{p^2}{c_1^2}\right) \lambda_1 r K_1(\lambda_1 r)\right], \qquad \bar{U}_i'(\mathbf{r}, p) = \frac{r_{,i}}{\varkappa_0} G_1,$$

$$G_1 = \frac{m}{2\pi(\lambda_2^2 - \lambda_1^2)} [\lambda_1 K_1(\lambda_1 r) - \lambda_2 K_1(\lambda_2 r)],$$

$$\partial_i \bar{U}_k'(\mathbf{r}, p) = \frac{1}{\varkappa_0}\left(\frac{G_1}{r}\delta_{ik} + G_3 r_{,ir,k}\right),$$

$$\partial_j\partial_k \bar{U}_i'(\mathbf{r}, p) = \frac{G_3}{\varkappa_0 r}(r_{,i}\delta_{jk} + r_{,j}\delta_{ik} + r_{,k}\delta_{ij} - 2r_{,i}r_{,j}r_{,k}) + \frac{1}{\varkappa_0}\left(G_4 - \frac{2}{r}G_3\right) r_{,i}r_{,j}r_{,k},$$

$$G_3 = \frac{m}{2\pi(\lambda_1^2 - \lambda_2^2)} \left\{\lambda_1^2\left[K_0(\lambda_1 r) + 2\frac{K_1(\lambda_1 r)}{\lambda_1 r}\right] - \lambda_2^2\left[K_0(\lambda_2 r) + 2\frac{K_1(\lambda_2 r)}{\lambda_2 r}\right]\right\},$$

$$G_4 = -\frac{m}{2\pi(\lambda_1^2 - \lambda_2^2)} [\lambda_1^3 K_1(\lambda_1 r) - \lambda_2^3 K_1(\lambda_2 r)], \qquad \bar{U}_{ij}(\mathbf{r}, p) = \frac{1}{2\pi\mu}(U_1\delta_{ij} + U_2 r_{,i}r_{,j}),$$

$$\partial_k \bar{U}_{ij}(\mathbf{r}, p) = \frac{1}{2\pi\mu r}[(U_2 + U_3) r_{,k}\delta_{ij} + U_2(r_{,i}\delta_{jk} + r_{,j}\delta_{ik}) + (U_4 - 4U_2) r_{,i}r_{,j}r_{,k}],$$

$$U_1 = K_0\left(\frac{pr}{c_2}\right) + \frac{c_2}{pr}K_1\left(\frac{pr}{c_2}\right) + c_2\left[A_1\lambda_1^2\frac{K_1(\lambda_1 r)}{\lambda_1 r} - A_2\lambda_2^2\frac{K_1(\lambda_2 r)}{\lambda_2 r}\right],$$

$$U_2 = -\left[K_0\left(\frac{pr}{c_2}\right) + 2\frac{c_2}{pr}K_1\left(\frac{pr}{c_2}\right)\right] - c_2^2 A_1\lambda_1^2\left[K_0(\lambda_1 r) + 2\frac{K_1(\lambda_1 r)}{\lambda_1 r}\right] + c_2^2 A_2\lambda_2^2\left[K_0(\lambda_2 r) + 2\frac{K_1(\lambda_2 r)}{\lambda_2 r}\right],$$

$$U_3 = -\frac{pr}{c_2}K_1\left(\frac{pr}{c_2}\right), \qquad U_4 = \frac{pr}{c_2}K_1\left(\frac{pr}{c_2}\right) + c_2^2[A_1\lambda_1^3 r K_1(\lambda_1 r) - A_2\lambda_2^3 r K_1(\lambda_2 r)],$$

$$\bar{\tau}(r, p) = \frac{1}{2\pi\varkappa_0(\lambda_1^2 - \lambda_2^2)}\left[\lambda_1^2\left(\lambda_1^2 - \frac{p^2}{c_1^2}\right)K_0(\lambda_1 r) - \lambda_2^2\left(\lambda_2^2 - \frac{p^2}{c_1^2}\right)K_0(\lambda_2 r)\right], \qquad \partial_i\theta'(r) = -\frac{r_{,i}}{2\pi\varkappa_0 r}.$$

Appendix B

In this appendix we derive two auxiliary relations which turn out to be useful in deriving the singular boundary integral equations.

Taking into account the definition of the fundamental tractions $T_{ik}(\boldsymbol{\eta} - \boldsymbol{y})$ by (2) and the definition of the fundamental displacements $U_{mk}(\mathbf{r})$,

$$c_{ijml}\partial_j\partial_l U_{mk}(\mathbf{r}) = -\delta_{ik}\delta(\mathbf{r}),$$

and using the Gauss divergence theorem, one can write the successive equations

$$\int_S T_{ik}(\boldsymbol{\eta} - \boldsymbol{y})\, dS_\eta = \int_S c_{ijml} n_j(\boldsymbol{\eta})\, \partial_l' U_{mk}(\boldsymbol{\eta} - \boldsymbol{y})\, dS_\eta = \int_V c_{ijml}\partial_j\partial_l U_{mk}(\boldsymbol{x} - \boldsymbol{y})\, dV_x = -\delta_{ik}\int_V \delta(\boldsymbol{x} - \boldsymbol{y})\, dV_x =$$

$$= -\delta_{ik}\begin{cases}1, & \boldsymbol{y} \in V\\ 0, & \boldsymbol{y} \bar{\in} (V \cup S).\end{cases}$$

Thus, the first auxiliary relation takes the form

$$\delta_{ik}\Delta(\boldsymbol{y}) = -\int_S T_{ik}(\boldsymbol{\eta} - \boldsymbol{y})\, dS_\eta, \qquad \boldsymbol{y} \bar{\in} S. \tag{B.1}$$

Similarly, if we consider that

$$\theta'(r) = \frac{1}{4\pi\varkappa_0 r} \text{ in } \mathbb{E}_3, \qquad \theta'(r) = \frac{1}{2\pi\varkappa_0}\ln\frac{1}{r} \text{ in } \mathbb{E}_2$$

are proportional to the fundamental solutions of the Laplace operator in $\mathbb{E}_3$ and $\mathbb{E}_2$, respectively, we may write the second auxiliary relation

$$\Delta(\boldsymbol{y}) = -\varkappa_0\int_S n_i(\boldsymbol{\eta})\, \partial_i'\theta'(|\boldsymbol{\eta} - \boldsymbol{y}|)\, dS_\eta, \qquad \boldsymbol{y} \bar{\in} S. \tag{B.2}$$

Now, we employ equations (B.1) and (B.2) in performing the limit $\boldsymbol{y} \to \boldsymbol{\zeta} \in S$ in those integrals of the integral representations of displacements and temperature whose kernels are strongly singular (r^{-2} in 3 — d problems and r^{-1} in 2 — d problems).

Elastostatics

It is evident that

$$\Delta(\boldsymbol{y})\, u_k(\boldsymbol{y}) + \int_S u_i(\boldsymbol{\eta})\, T_{ik}(\boldsymbol{\eta} - \boldsymbol{y})\, dS_\eta = \int_S [u_i(\boldsymbol{\eta}) - u_i(\boldsymbol{y})]\, T_{ik}(\boldsymbol{\eta} - \boldsymbol{y})\, dS_\eta.$$

If we suppose the displacements to be Hölder continuous, the boundary integral on the r.h.s is continuous as $\boldsymbol{y} \to \boldsymbol{\zeta} \in S$, i.e.

$$\Delta(\boldsymbol{y})\, u_k(\boldsymbol{y}) + \int_S u_i(\boldsymbol{\eta})\, T_{ik}(\boldsymbol{\eta} - \boldsymbol{y})\, dS_\eta \to \int_S [u_i(\boldsymbol{\eta}) - u_i(\boldsymbol{\zeta})]\, T_{ik}(\boldsymbol{\eta} - \boldsymbol{\zeta})\, dS_\eta. \tag{B.3}$$

Elastodynamics

Using (B.1) we have

$$\Delta(\boldsymbol{y})\, \bar{u}_k(\boldsymbol{y}, p) + \int_S \bar{u}_i(\boldsymbol{\eta}, p)\, \bar{T}_{ik}(\boldsymbol{\eta} - \boldsymbol{y}, p)\, dS_\eta = \int_S [\bar{u}_i(\boldsymbol{\eta}, p) - \bar{u}_i(\boldsymbol{y}, p)]\, \bar{T}_{ik}(\boldsymbol{\eta} - \boldsymbol{y}, p)\, dS_\eta +$$

$$+ \int_S \bar{u}_i(\boldsymbol{y}, p)\, [\bar{T}_{ik}(\boldsymbol{\eta} - \boldsymbol{y}, p) - T_{ik}(\boldsymbol{\eta} - \boldsymbol{y})]\, dS_\eta.$$

The first boundary integral on the r.h.s. is continuous, as $\boldsymbol{y} \to \zeta \in S$, because of the Hölder continuity of displacements. The second integral is also continuous because $\overline{T}_{ik}(\boldsymbol{r}, p) - \overline{T}_{ik}(\boldsymbol{r})$ is not singular as $r \to 0$. Thus,

$$\Delta(\boldsymbol{y})\, \bar{u}_k(\boldsymbol{y}, p) + \int_S \bar{u}_i(\boldsymbol{\eta}, p)\, \overline{T}_{ik}(\boldsymbol{\eta} - \boldsymbol{y}, p)\, \mathrm{d}S_\eta \to \int_S [\bar{u}_i(\boldsymbol{\eta}, p)\, \overline{T}_{ik}(\boldsymbol{\eta} - \boldsymbol{\zeta}, p) - \bar{u}_i(\boldsymbol{\zeta}, p)\, T_{ik}(\boldsymbol{\eta} - \boldsymbol{\zeta})]\, \mathrm{d}S_\eta\,. \tag{B.4}$$

Thermoelasticity

By analogy with elastodynamics one can verify the validity of equation (B.4) in thermoelasticity. Similarly, from (B.2) it is seen that

$$\Delta(\boldsymbol{y})\, \bar{\Theta}(\boldsymbol{y}, p) + \varkappa_0 \int_S \bar{\Theta}(\boldsymbol{\eta}, p)\, n_i(\boldsymbol{\eta})\, \partial'_i \bar{\Theta}'(|\boldsymbol{\eta} - \boldsymbol{y}|, p)\, \mathrm{d}S_\eta =$$

$$= \varkappa_0 \int_S [\bar{\Theta}(\boldsymbol{\eta}, p) - \bar{\Theta}(\boldsymbol{y}, p)]\, n_i(\boldsymbol{\eta})\, \partial'_i \bar{\Theta}'(|\boldsymbol{\eta} - \boldsymbol{y}|, p)\, \mathrm{d}S_\eta + \varkappa_0 \int_S \bar{\Theta}(\boldsymbol{y}, p)\, n_i(\boldsymbol{\eta})\, [\partial'_i \bar{\Theta}'(|\boldsymbol{\eta} - \boldsymbol{y}|, p) - \partial'_i \Theta'(|\boldsymbol{\eta} - \boldsymbol{y}|)]\, \mathrm{d}S_\eta\,.$$

Since the temperature is supposed to be Hölder continuous and $\partial_i \bar{\Theta}'(r, p) - \partial_i \Theta'(r)$ is not singular as $r \to 0$ both the boundary integrals on the r.h.s. are continuous when $\boldsymbol{y} \to \zeta \in S$. Consequently,

$$\Delta(\boldsymbol{y})\, \bar{\Theta}(\boldsymbol{y}, p) + \varkappa_0 \int_S \bar{\Theta}(\boldsymbol{\eta}, p)\, n_i(\boldsymbol{\eta})\, \partial'_i \bar{\Theta}'(|\boldsymbol{\eta} - \boldsymbol{y}|, p)\, \mathrm{d}S_\eta \to$$

$$\to \varkappa_0 \int_S [\bar{\Theta}(\boldsymbol{\eta}, p)\, \partial'_i \bar{\Theta}'(|\boldsymbol{\eta} - \zeta|, p) - \bar{\Theta}(\zeta, p)\, \partial'_i \Theta'(|\boldsymbol{\eta} - \zeta|)]\, n_i(\boldsymbol{\eta})\, \mathrm{d}S_\eta\,. \tag{B.5}$$

It should be noted that it is not necessary for the boundary to be smooth. It is sufficient to require the boundary to be closed.

References

1 BILBY, B. A.; ESHELBY, J. D., Dislocations and the theory of fracture. In: LIEBOWITZ, H. (Ed.), Fracture, vol. 1, Academic Press, New York 1968.
2 CRUSE, T. A., Boundary integral equation method for three dimensional elastic fracture mechanics analysis, Air Force Office of Scientific Reserach TR-75-0813 (1975).
3 ATKINSON, C., Fracture mechanics stress analysis. In: BREBBIA, C. A. (Ed.), Progress in Boundary Element Method, vol. 2, Pentech Press, London 1983.
4 SNYDER, M. D.; CRUSE, T. A., Boundary-integral equation analysis of cracked anisotropic plates, Int. J. Fracture **11** (1975), 315–328.
5 CRUSE, T. A., Two dimensional BIE fracture mechanics analysis, Appl. Math. Modelling **2** (1978), 287–293.
6 WEAVER, J., Three-dimensional crack analysis, Int. J. Solids Structures **13** (1977), 321–330.
7 SLÁDEK, V.; SLÁDEK, J., Three dimensional crack analysis for an anisotropic body, Appl. Math. Modelling **6** (1982), 374–380.
8 SLÁDEK, V.; SLÁDEK, J., An improved boundary element method in two-dimensional elasticity, Acta Technica ČSAV **29** (1984), 649–663.
9 TAKAKUDA, K., Diffraction of plane harmonic waves by cracks, Bull. JSME **26** (1983), 487–493.
10 SLÁDEK, V.; SLÁDEK, J., Transient elastodynamic three-dimensional problems in cracked bodies, Appl. Math. Modelling **8** (1984), — 2–10.
11 SLÁDEK, V.; SLÁDEK, J., Boundary integral equation method in two dimensional thermoelasticity, Engng. Analysis **1** (1984), 135–148.
12 SLÁDEK, V.; SLÁDEK, J., Boundary integral equation method in thermoelasticity Part I: General analysis, Appl. Math. Modelling **7** (1983), 241–253.
13 SLÁDEK, J.; SLÁDEK, V., Boundary integral equation method in thermoelasticity Part II: Crack analysis, Appl. Math. Modelling **8** (1984), 27–36.
14 SLÁDEK, V.; SLÁDEK, J., Boundary integral equation method in thermoelasticity Part III: Uncoupled thermoelasticity, Appl. Math. Modelling **8** (1984), 413–418.
15 BREBBIA, C. A.; WALKER, S., Boundary element techniques in engineering, Newnes-Butterworths, London 1980.
16 RUDOLPHI, T. J.; ASHBAUGH, N. E., An integral-equation solution for a bounded elastic body containing a crack: Mode I deformation, Int. J. Fracture **14** (1978), 527–541.
17 RIZZO, F. J.; SHIPPY, D. J., A method for stress determination in plane anisotropic elastic bodies, J. Composite Mat. **4** (1970), 36–61.
18 VOGEL, S. M.; RIZZO, F. J., An integral equation formulation of three dimensional anisotropic elastostatic boundary value problems, J. Elasticity **3** (1973), 203–216.
19 BALAŠ, J.; SLÁDEK, J.; SLÁDEK, V., Stress analysis by the boundary integral equation method (in Slovak), Veda, Bratislava 1985.
20 NOWACKI, W., Dynamic problems of thermoelasticity, PWN, Warsaw 1975.
21 SLÁDEK, V.; SLÁDEK, J., Three-dimensional curved crack in an elastic body, Int. J. Solids Structures **19** (1983), 425–436.
22 GUIDERA, J. T.; LARDNER, R. W., Penny-shaped cracks, J. Elasticity **5** (1975), 59–73.
23 SLÁDEK, J.; SLÁDEK, V., Interaction of the three-dimensional cracks (in Slovak), Stroj. čas **33** (1982), 427–438.
24 SLÁDEK, J.; SLÁDEK, V., Boundary element method in fracture mechanics, Acta Technica ČSAV **27** (1982), 718–732.
25 SLÁDEK, V.; SLÁDEK, J., Solution of boundary value problems in an elastic half-space by boundary integral equation method (in Slovak), Staveb. čas. **32** (1984), 633–649.
26 SLÁDEK, J.; SLÁDEK, V., Dynamic stress intensity factors studied by boundary integro-differential equations, Int. J. Num. Meth. Engng. (to be published).
27 BALAŠ, J.; SLÁDEK, J.; SLÁDEK, V., Non-stationary problems of linear fracture mechanics by boundary element method. In: Valluri, S. R. (Ed.), Advances in Fracture Research vol. 2. Proc. 6th Int. Conf. on Fracture, New Delhi December 1984. Pergamon Press, Oxford 1984, pp. 1129–1136.
28 SLÁDEK, J.; SUMEC, J.; SLÁDEK, V., Viscoelastic crack analysis by the boundary integral equation method, Ingenieur-Archiv **54** (1984), 275–282.
29 SLÁDEK, J. SLÁDEK, V., Boundary element method in micropolar thermoelasticity Part III: Numerical solution, Engng. Analysis **2** (1985), 155–162.

Received March 22, 1985

Address: RNDr. V. SLÁDEK, CSc., Ing. J. SLÁDEK, CSc., and Correspondent member J. BALAŠ, DrSc., Institute of Construction and Architecture, Slovak Academy of Sciences, 842 20 Bratislava, Czechoslovakia

ZAMM · Z. angew. Math. Mech. 66 (1986) 2, 95–101

YANENKO, N. N.[1]); VASILKOVSKY, S. N.

Application of the Method of One-Dimensional Functionals to the Solution of Elasto-Plastic Problems

In der vorliegenden Arbeit wird eine Variationsformulierung der Methode der approximierten Faktorisierung mehrdimensionaler Differentialoperatoren angegeben. Die auf dieser Grundlage entwickelte Methode der eindimensionalen Funktionale erlaubt die Zurückführung der Lösung mehrdimensionaler Probleme der mathematischen Physik auf die sukzessive Minimierung gewisser eindimensionaler Funktionale. Die Effektivität der vorgeschlagenen Methode der eindimensionalen Funktionale gegenüber bekannten Variationsmethoden wird an der Lösung zweidimensionaler quasi-statischer Randwertprobleme mit aktiver Last demonstriert, bei denen der plastische Zustand durch Beziehungen aus der Theorie der Prandtl-Reuß-Strömungen beschrieben wird.

In the present paper a variational formulation of the method of the approximated factorization of multi-dimensional differential operators is given. The method of one-dimensional functionals being developed on the above mentioned basis allows to reduce the solution of multi-dimensional problems in mathematical physics to the successive minimization of certain one-dimensional functionals. The efficiency of the presented method of one-dimensional functionals relative to well-known variational methods is shown by solving two-dimensional quasistatic boundary value problems with active loads when the plastic state is described by relations from the theory of Prandtl-Reuß flows.

В работе дается вариационная формулировка метода приближенной факторизации многомерных дифференциальных операторов. Разработанный на этой основе метод одномерных функционалов позволяет сводить решение многомерных задач математической физики к последовательной минимизации некоторых одномерных функционалов. Эффективность предлагаемого метода одномерных функционалов по сравнению с известными вариационными методами показывается при решении краевых двумерных квазистатических задач при активном нагружении, когда пластическое состояние описывается соотношениями теории течения Прандтля-Рейсса.

The variational method based on the use of the approximated factorization which permits us to reduce the solution of multidimensional problems of mathematical physics to the consecutive minimization of one-dimensional functionals was worked out in the paper [1] and realized on the computer with reference to the nonstationary two-dimensional equation of thermoconductivity (see, for example, [2]). In this connection this method was called the *method of one-dimensional functionals.* Let the principal notions of this variational method be transferred to the solution of quasistatic two-dimensional elasto-plastic problems in stresses under the active loading for the case when a plastic state is described by the relations of the Prandtl-Reuss theory of plasticity. The reduction of this rather difficult problem to the minimization of a sequence of one-dimensional functions makes this method more effective than ordinary variational methods, the application of which to the problem in question would cause the necessity to minimize a two-dimensional functional. The variational problem obtained will be solved by the finite element method which is known to be equivalent to the Ritz method if one chooses some special base (coordinate) functions [3].

Let us consider an elasto-plastic stress field emerging in a thin rectangular plate in the process of its active loading by the external forces working in its plane. This plate is known to be in a generalized plane stressed state which is characterized by three stress functions: σ_x, σ_y, τ averaged according to the thickness of the plane in question. The stresses σ_x, σ_y, τ are determined in the rectangle Ω $(0 \leqq x \leqq x_0, 0 \leqq y \leqq y_0)$.

Let the process of loading be considered to be quasistatic and the parameter of loading t be the growing function of time. Then the functions to be found must satisfy the following differentiated system of differential equilibrium equations and compatibility of deformations:

$$\frac{\partial L_x}{\partial x} + \mu s = 0\,, \qquad \frac{\partial L_y}{\partial y} + \mu s = 0\,, \qquad \frac{\partial L_x}{\partial y} + \frac{\partial L_y}{\partial x} = 0\,, \tag{1}$$

where $L_x \equiv \frac{\partial \dot\sigma_x}{\partial x} + \frac{\partial \dot\tau}{\partial y}$; $L_y \equiv \frac{\partial \dot\tau}{\partial x} + \frac{\partial \dot\sigma_y}{\partial y}$; $S \equiv \frac{\partial^2 \dot\varepsilon_x}{\partial y^2} + \frac{\partial^2 \dot\varepsilon_y}{\partial x^2} - \frac{\partial^2 \dot\gamma}{\partial x\, \partial y}$; μ is the Lamé parameter; $\varepsilon_x = \frac{\partial u}{\partial x}$; $\varepsilon_y = \frac{\partial v}{\partial y}$; $\gamma = \frac{\partial u}{\partial y} + \frac{\partial v}{\partial x}$; u and v are the displacements along the axes x and y, accordingly; the point over the functions signifies the differentiation with respect to the parameter of loading t.

For the given system (1) of equations the usual boundary conditions are applied:

$$\dot\sigma_x \cdot \cos(n, x) + \dot\tau \cos(n, y) = \dot X_n\,, \qquad \dot\tau \cos(n, x) + \dot\sigma_y \cos(n, y) = \dot Y_n$$

where n is an external normal to the domain boundary Γ; $\dot X_n$, $\dot Y_n$ are the projections on the coordinate axes of the external forces given on Γ and differentiated according to the parameter of loading. Moreover, additional conditions are imposed: the following relation must be valid on the two external vertical boundaries Γ_2 and Γ_4 of the rectangle in question: $\partial L_y/\partial y = 0$; and for the two horizontal boundaries Γ_1 and Γ_3 of the domain: $\partial L_x/\partial x = 0$.

It stands to reason that at corresponding requirements to the smoothness of the solution *the above given system represents a consequence of the initial* (classical) *system of equations.* We will show that the opposite assertion

[1]) This author died on January 16, 1984.

is also valid, i.e. *each $\dot\sigma_x$, $\dot\sigma_y$, $\dot\tau$, $\dot\varepsilon_x$, $\dot\varepsilon_y$, $\dot\gamma$, being the solution of the above given system with the imposed boundary conditions, will be at the same time the solution of the initial one.* Indeed, the difference in the first equations of the system (1) together with the third equation represents the Cauchy-Riemann conditions for the functions L_x and L_y which due to this fact are harmonically adjoint. From the additional conditions on the boundary of the rectangle in question it follows:

$$L_x|_{\Gamma_1} = c_1 , \qquad L_y|_{\Gamma_2} = c_2 , \qquad L_x|_{\Gamma_3} = c_3 , \qquad L_y|_{\Gamma_4} = c_4 \tag{2}$$

where c_i are arbitrary constants. Furthermore, if the equations (1) are supposed to be valid up to Γ, taking into consideration the additional conditions on Γ, the Cauchy-Riemann conditions obtained give:

$$\left.\frac{\partial L_y}{\partial y}\right|_{\Gamma_1} = \left.\frac{\partial L_y}{\partial y}\right|_{\Gamma_3} = \left.\frac{\partial L_x}{\partial x}\right|_{\Gamma_2} = \left.\frac{\partial L_x}{\partial x}\right|_{\Gamma_4} = 0 . \tag{3}$$

According to the boundary conditions (2), (3) the harmonic functions L_x and L_y are determined uniquely as follows:

$$L_x = c_1 + (c_3 - c_1)\, y/y_0 , \qquad L_y = c_4 + (c_2 - c_4)\, x/x_0 . \tag{4}$$

The uniqueness of such a representation of L_x and L_y follows from Green's formula for the difference of two functions, for example, $L_x - \bar{L}_x$ where $\bar{L}_x$ is some other harmonic function, satisfying the boundary conditions (2), (3). From (4) and the Cauchy-Riemann conditions it follows:

$$\frac{c_3 - c_1}{y_0} = \frac{c_4 - c_2}{x_0} = \beta ,$$

so

$$L_x = c_1 + \beta y; \qquad L_y = c_4 - \beta x .$$

To prove the *equivalence of the differentiated system and the initial one*, it is necessary to show now that $c_1 = c_4 = \beta = 0$. It follows immediately when considering the three conditions providing the equilibrium of the body as a rigid one: the principal vector and the principal moment of forces applied to the domain boundary must be equal to 0. So the equivalence between the differentiated system with the presented boundary conditions and the initial one is proved. It is to be noted that a system of equations similar to (1) was considered in paper [4].

According to the hypotheses of the theory of plasticity (see, for example, [5]) the deformation velocities can be expressed by stresses and the velocities of stresses (here always under the deformation and stress velocities a corresponding derivative with respect to the parameter of loading is meant) by the following formulae:

$$\dot\varepsilon_x = \frac{\dot\sigma_x}{E} - \frac{\nu}{E}\dot\sigma_y + F(T)\,\dot T\sigma_x' , \qquad \dot\varepsilon_y = \frac{\dot\sigma_y}{E} - \frac{\nu}{E}\dot\sigma_x + F(T)\,\dot T\sigma_y' , \qquad \dot\gamma = \frac{\dot\tau}{\mu} + 2F(T)\,\dot T\tau \tag{5}$$

where the components of the stress tensor deviator are $\sigma_x' = \dfrac{2\sigma_x - \sigma_y}{3}$ and $\sigma_y' = \dfrac{2\sigma_y - \sigma_x}{3}$; E is Young's module; ν Poisson's ratio; T a stress tangent intensity; $F(T)$ a certain hardening function, the concrete form of which is determined by the material passport curves obtained from experiments with pure tension $(\sigma - \varepsilon)$ or pure torsion $(\tau - \gamma)$. So, in our calculations the experimental results with pure torsion will be used, and in this case the function $F(T) = \dfrac{1}{2T}\left[\dfrac{1}{\mu_p} - \dfrac{1}{\mu}\right]$ at $T > \tau_s$, where the tangent shear module $\mu_p = \mathrm{d}\tau/\mathrm{d}\gamma$; τ_s is a limit of plasticity at pure torsion.

Now let us pass over to nondimensional values written in the formulae with a bar:

$$\bar\lambda = \lambda/\mu; \qquad \bar E = E/\mu; \qquad \bar\sigma_x = \sigma_x/\tau_s; \qquad \bar\sigma_y = \sigma_y/\tau_s;$$
$$\bar\tau = \tau/\tau_s; \qquad \bar T = T/\tau_s; \qquad \bar F(\bar T) = \mu\tau_s F(T) .$$

Furtheron we shall omit the bar for brevity. We have

$$\dot T = \frac{\sigma_x'\dot\sigma_x}{2T} + \frac{\sigma_y'\dot\sigma_y}{2T} + \frac{\tau\dot\tau}{T} . \tag{6}$$

Let

$$\frac{1}{2}\left(\frac{\mu}{\mu_p} - 1\right) = \mu^* \quad \text{then} \quad F(T) = \frac{\mu^*}{T} .$$

Now, if we substitute (6) into (5), we obtain the expression of the deformation velocities by the stress velocity and the stresses themselves:

$$\begin{aligned}
\frac{\mu}{\tau_s}\dot\varepsilon_x &= \left[\frac{1}{E} + \frac{\mu^*(\sigma_x')^2}{2T^2}\right]\dot\sigma_x + \left(-\frac{\nu}{E} + \frac{\mu^*\sigma_y'\sigma_x'}{2T^2}\right)\dot\sigma_y + \mu^*\frac{\tau\cdot\sigma_x'}{T^2}\dot\tau ;\\
\frac{\mu}{\tau_s}\dot\varepsilon_y &= \left(-\frac{\nu}{E} + \mu^*\frac{\sigma_x'\sigma_y'}{2T^2}\right)\dot\sigma_x + \left[\frac{1}{E} + \mu^*\frac{(\sigma_y')^2}{2T^2}\right]\dot\sigma_y + \mu^*\frac{\tau\sigma_x'}{T^2}\dot\tau ;\\
\frac{\mu}{\tau_s}\dot\gamma &= \mu^*\frac{\sigma_x'\tau}{T^2}\dot\sigma_x + \mu^*\frac{\sigma_y'\tau}{T^2}\dot\sigma_y + \left(1 + \mu^*\frac{\tau^2}{T^2}\right)\dot\tau .
\end{aligned} \tag{7}$$

Taking into account (7) the system (1) of equations in question looks as follows:

$$\left.\begin{aligned}
&\frac{\partial^2}{\partial x^2}\{(b+\alpha\sigma_x'\sigma_y')\,\dot\sigma_x+[a+\alpha(\sigma_y')^2]\,\dot\sigma_y+2\alpha\sigma_y'\tau\dot\tau\}+\\
&\frac{\partial^2}{\partial y^2}\{[a+\alpha(\sigma_x')^2]\,\dot\sigma_x+(c+\alpha\sigma_x'\sigma_y')\,\dot\sigma_y+2\alpha\sigma_x'\tau\dot\tau\}-2\frac{\partial^2}{\partial x\,\partial y}[\alpha\tau(\sigma_x'\dot\sigma_x+\sigma_y'\dot\sigma_y-\tau\dot\tau)]=0;\\
&\frac{\partial^2}{\partial x^2}\{(c+\alpha\sigma_x'\sigma_y')\,\dot\sigma_x+[a+\alpha(\sigma_y')^2]\,\dot\sigma_y+2\alpha\sigma_y'\tau\dot\tau\}+\\
&+\frac{\partial^2}{\partial y^2}\{[a+\alpha(\sigma_x')^2]\,\dot\sigma_x+(b+\alpha\sigma_x'\sigma_y')\,\dot\sigma_y+2\alpha\sigma_x'\tau\dot\tau\}-2\frac{\partial^2}{\partial x\,\partial y}[\alpha\tau(\sigma_x'\dot\sigma_x+\sigma_y'\dot\sigma_y+\tau\dot\tau)]=0;\\
&\frac{\partial^2\dot\tau}{\partial x^2}+\frac{\partial^2\dot\tau}{\partial y^2}+\frac{\partial^2}{\partial x\,\partial y}(\dot\sigma_x+\dot\sigma_y)=0
\end{aligned}\right\}\qquad(8)$$

where $a=1/E$; $c=-\nu/E$; $b=c+1$; $\alpha=\mu^*/2T'^2$.

If $\alpha=0$, then equations (8) pass over to the accordingly differentiated system of equations of equilibrium and of compatibility of deformations for an elastic body. The system (8) is a base for constructing a numerical variational method which is reduced to the minimization of the one-dimensional sequence of functionals. Let us consider the stress velocities as the functions to be found in the system (8). Using the approximated factorization method combined with the iteration method of estimation [2] let us represent the initial system (8) in the form of the universal algorithm [6]:

$$\left.\begin{aligned}
&\left(E-a\theta_{n-1}\frac{\partial^2}{\partial y^2}\right)\left(E-b\theta_{n-1}\frac{\partial^2}{\partial x^2}\right)\Sigma_x^{n+1}=f_1(\dot\sigma^n),\\
&\left(E-a\theta_{n-1}\frac{\partial^2}{\partial x^2}\right)\left(E-b\theta_{n-1}\frac{\partial^2}{\partial y^2}\right)\Sigma_y^{n+1}=f_2(\dot\sigma^n),\\
&\left(E-\theta_{n-1}\frac{\partial^2}{\partial x^2}\right)\left(E-\theta_{n-1}\frac{\partial^2}{\partial y^2}\right)T^{n+1}=f_3(\dot\sigma^n),
\end{aligned}\right\}\qquad(9)$$

where the indices n and $n+1$ above denote the number of the iteration; θ_n is the iteration parameter on the n-th layer

$$\Sigma_x^{n+1}=\frac{\dot\sigma_x^{n+1}-\dot\sigma_x^n}{\theta_n},\qquad \Sigma_y^{n+1}=\frac{\dot\sigma_y^{n+1}-\dot\sigma_y^n}{\theta_n},\qquad T^{n+1}=\frac{\dot\tau^{n+1}-\dot\tau^n}{\theta_n},$$

$f_1(\dot\sigma^n)$, $f_2(\dot\sigma^n)$, $f_3(\dot\sigma^n)$ are the known functions representing the corresponding left hand sides of the equations of the system (8) taken from the lower layer of the iteration process. E is the identical operator.

The additional boundary conditions imposed at the beginning of this paper are presented in the form:

$$\left.\begin{aligned}
&\left(E-\theta_{n-1}\frac{\partial^2}{\partial x^2}\right)\Sigma_x^{n+1}=\frac{\partial L_x^n}{\partial x}\quad\text{on}\quad \Gamma_1,\Gamma_3,\\
&\left(E-\theta_{n-1}\frac{\partial^2}{\partial y^2}\right)\Sigma_y^{n+1}=\frac{\partial L_y^n}{\partial y}\quad\text{on}\quad \Gamma_2,\Gamma_4.
\end{aligned}\right\}\qquad(10)$$

The derivatives in the right hand side of the equations (9) and (10) are substituted by their finite differential analogues in the mesh domain Ω_h $(0\le i\le n;\ 0\le j\le m)$, where $ih_1=x$, $jh_2=y$, $nh_1=x_0$, $mh_2=y_0$; h_1 and h_2 are the "steps" along the axes x and y. Splitting up each of the equations (9) [2] and using an equivalent variational formulation with respect to the method of the approximated factorization we arrive at the conclusion that it is necessary to minimize the sequence of eight one-dimensional functionals (taking also into account the functionals corresponding to the equations on the boundary (10)). A typical functional to be minimized in the segment $[0,Z_0]$, of the problem in question is the functional:

$$\mathcal{I}(f)=\int_0^{Z_0}\left[f^2+\gamma\left(\frac{\partial f}{\partial Z}\right)^2-2fg\right]\mathrm{d}Z\quad\text{at}\quad f(0)=f(Z_0)=0,$$

where $f(Z)$ is a function to be found representing the minimum $\mathcal{I}(f)$; γ is a corresponding coefficient in the left hand side of the equations (9) and (10) with the second derivative along x or y; $g(Z)$ is a known function in the right hand sides of (10) or in the "split up" equation (9). The extremals of one-dimensional functionals determining the solution of the problem posed initially are found according to the method described in (1); the variational optimization of the iteration parameter θ_n being done according to the method of minimal errors of closure [7].

Let us symbolically denote the right hand side of the system of equations (9) by a vector function $f(\dot\sigma^n)=\{f_1(\dot\sigma^n),f_2(\dot\sigma^n),f_3(\dot\sigma^n)\}$ being defined inside the mesh domain in question. On the boundaries of the given rectangular domain Γ_1, Γ_3 and Γ_2, Γ_4 this vector function assumes the forms $f(\dot\sigma^n)=\{\bar f(\dot\sigma^n),0,0\}$ and $f(\dot\sigma^n)=\{\bar{\bar f}(\dot\sigma^n),0,0\}$, where $\bar f(\dot\sigma^n)$ and $\bar{\bar f}(\dot\sigma^n)$ are difference approximations of the right sides of the first and second equations (10), respectively.

Then the expression for θ_n has the form

$$\theta_n = -\frac{[f(\dot{\sigma}^n) \cdot f(\Sigma^{n+1})]}{[f(\Sigma^{n+1}) \cdot f(\Sigma^{n+1})]},$$

where the scalar product of the two vector functions φ and ψ are determined as follows:

$$[\varphi \cdot \psi] = \sum_{i=0}^{n} \sum_{j=0}^{m} (\varphi_{1ij}\psi_{1ij} + \varphi_{2ij}\psi_{2ij} + \varphi_{3ij}\psi_{3ij}),$$

i.e. the summation is done in all the inner and boundary points of the domain. The condition of the finishing of the iteration method of the approximated factorization constructed here in the form of an equivalent variational formulation is the one represented as follows:

$$\max_{\Omega_n} \{|\dot{\sigma}_x^{n+1} - \dot{\sigma}_x^n|, |\dot{\sigma}_y^{n+1} - \dot{\sigma}_y^n|, |\dot{\tau}^{n+1} - \dot{\tau}^n|\} \leqq \varepsilon$$

where ε is a given number characterizing the convergence accuracy of the iteration process.

From the solution of the elasto-plastic problem at an arbitrary value of the parameter of loading by means of stresses obtained and, consequently, by means of deformations we find the displacements with the help of the Chezaro formulae [8]:

$$\left.\begin{aligned} u(x_1, y_1) &= u_0 + (Y_1 - Y_0)\, r_0 + \int_{M_0M_1} (u_x\, dx + u_y\, dy), \\ v(x_1, y_1) &= v_0 + (x_1 - x_0)\, r_0 + \int_{M_0M_1} (v_x\, dx + v_y\, dy) \end{aligned}\right\} \tag{11}$$

where for brevity the following symbols are used:

$$u_x = \varepsilon_x + (y_1 - y)\left(\frac{\partial \varepsilon_x}{\partial y} - \frac{1}{2}\frac{\partial \gamma}{\partial x}\right), \qquad u_y = \frac{\gamma}{2} + (y_1 - y)\left(\frac{1}{2}\frac{\partial \gamma}{\partial y} - \frac{\partial \varepsilon_y}{\partial x}\right),$$

$$v_y = \varepsilon_y + (x_1 - x)\left(\frac{\partial \varepsilon_y}{\partial x} - \frac{1}{2}\frac{\partial \gamma}{\partial y}\right), \qquad v_x = \frac{\gamma}{2} + (x_1 - x)\left(\frac{1}{2}\frac{\partial \gamma}{\partial x} - \frac{\partial \varepsilon_x}{\partial y}\right).$$

In the formulae (11) M_0M_1 denotes some line connecting the point $M_0(x_0, y_0)$ with the point $M_1(x_1, y_1)$ in question. in which it is necessary to find the displacements. In these formulae there are three arbitrary constants u_0, v_0, r_0, correspondingly, the values of the two displacements and a local rotation in the point M_0. The local rotation is determined by the formula:

$$r = \frac{1}{2}\left(\frac{\partial v}{\partial x} - \frac{\partial u}{\partial y}\right).$$

The presence of arbitrary constants in the formulae (11) is explained by the fact that the displacements are restored ambiguously with the help of the known deformations with the accuracy of the displacement of the body as a rigid one. When solving the problem numerically, the arbitrariness can be eliminated fixing, for example, the point (1/2, 1/2):

$$u|_{(1/2,1/2)} = 0, \qquad v|_{(1/2,1/2)} = 0$$

and letting in the point (1, 1/2) be

$$v|_{(1,1/2)} = 0.$$

By the Fourier method at $\alpha = 0$ there was studied the stability of the iteration process of finding the stresses needed. Furthermore, test calculations were done with the help of the algorithm in question for elasto-plastic problems. Doing the test calculations the stresses were taken as:

$$\sigma_x = \sqrt{\tfrac{2}{3}}\, e^{1-t}\, y(2 \sin x + \cos x), \qquad \sigma_y = \sqrt{\tfrac{2}{3}}\, e^{1-t}\, y(2 \cos x + \sin x), \qquad \tau = \sqrt{\tfrac{2}{3}}\, e^{1-t}\, y(\cos x - \sin x)/2. \tag{12}$$

These stresses were substituted into the system of equations (8), the differentiation was done with respect to the spatial variables and the parameter of loading t, and the result was that for each equation (8) the right hand side was determined under the condition that the stresses (12) be the precise solution of the system (8). Then for the thus obtained system of equations, analogous to the system (8), according to the algorithm worked out there was determined the numerical solution for a square with corresponding boundary conditions resulting from (12). The limit value of the parameter of loading t^* (i.e. the parameter value when the stress tangent intensity reaches the value of the plasticity limit only in a finite number of points) for the test problem in question equals 1. Having chosen "the step" according to the parameter of loading $\tau = t^*/10$ after 50 "steps" according to t the maximum error in all the stresses was equal to 8.5%. The solutions obtained at $\tau = t^*/5$ and $\tau = t^*/20$ coincided with the corresponding solution at $\tau = t^*/10$, the assuracy being preserved up to the third sign.

By virtue of the algorithm described the calculations were executed for the copper M-2 presented in figs. 1–5. The nondimensional hardening function $F(T)$ was found by means of the passport curve of the material from the experiments on the pure torsion. The experimentally determined diagram $\gamma - \tau$ for the pure torsion [9] was approxi-

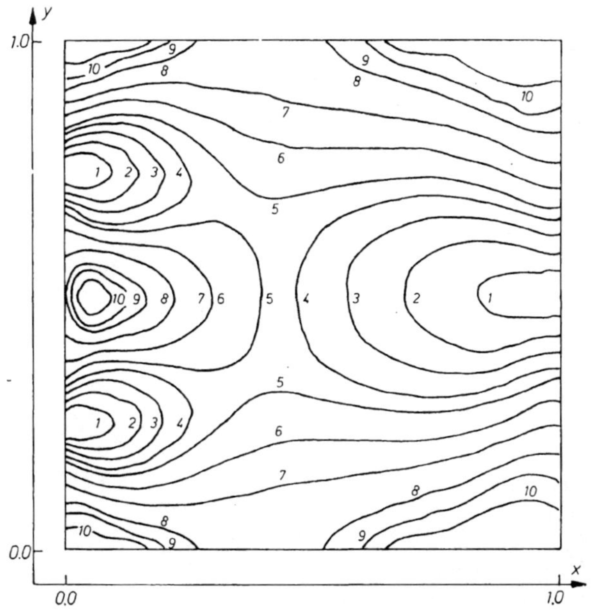

Fig. 1

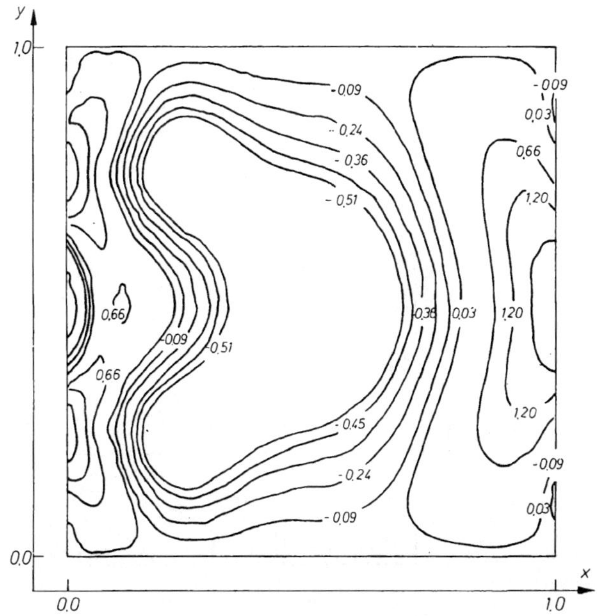

Fig. 2

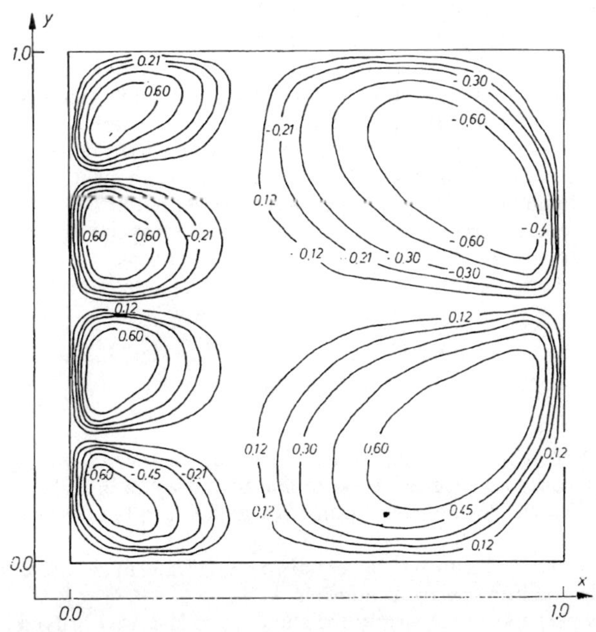

Fig. 3

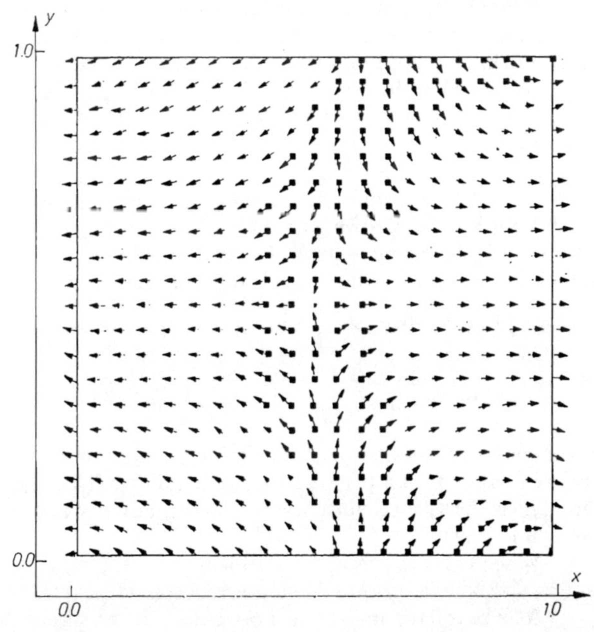

Fig. 4

mated by the following analytical expression:

$$\gamma = \begin{cases} \tau \,, & 0 < \tau < 1 \,, \\ (\tau - 1)^4 + \tau \,, & \tau > 1 \end{cases}$$

In figs. 1–4 there are given the results of the calculations when for two vertical side boundaries the normal stresses of extension are applied: on the right vertical boundary of the square in question:

$$\sigma_x = \begin{cases} 2ty \,, & 0 \leqq y \leqq \frac{1}{2} \,, \\ 2t(1 - y) \,, & 0 \leqq y \leqq 1 \end{cases}$$

on the left vertical boundary:

$$\sigma_x = \begin{cases} 4ty \,, & 0 \leqq y < \frac{1}{4} \,, \\ 4t(\frac{1}{2} - y) \,, & \frac{1}{4} \leqq y < \frac{1}{2} \,, \\ 4t(y - \frac{1}{2}) \,, & \frac{1}{2} \leqq y < \frac{3}{4} \,, \\ 4t(1 - y) \,, & \frac{3}{4} \leqq y < 1 \,. \end{cases}$$

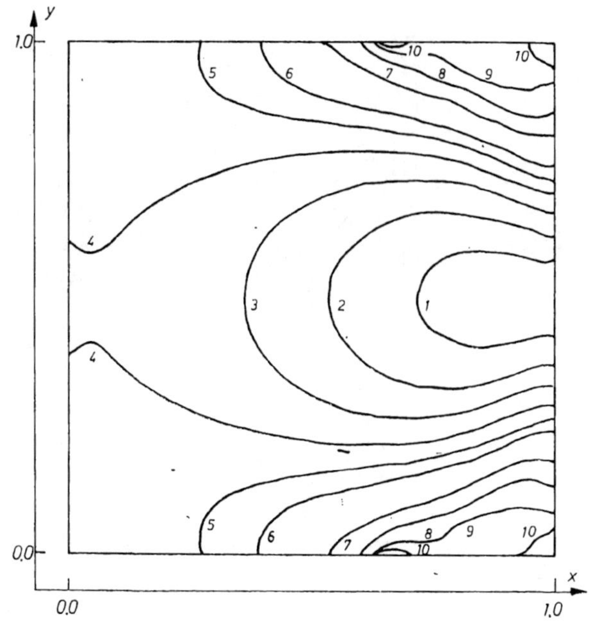

Fig. 5

From the posed boundary value problem by virtue of the elastic solution the value of the parameter of loading t^* was found to be equal to 1,979; at this point the limit state takes place (the stress tangent intensity reaches the value of the limit of plasticity in the finite number of points). In fig. 1 there is given a general picture of the plastic zone propagation during the process of loading. The zone emerges in three points at $t = t^*$ and expands merging into a two-connected domain. At $t = 4t^*$ an elastic zone consists of a nucleus placed on the symmetry line and of subdomains situated in a neighborhood of the domain angular points. The following values of the parameter of loading given in table 1, correspond to the digits presented in fig. 1. In figures 2 and 3 there are given, respectively, the stress isobars σ_y and τ at the moment when $t = 3t^*$. In fig. 4 the field of displacements is represented at $t = 2t^*$. In this figure the arrows with little squares at the basis are constructed beyond the scale and correspond to the smallest displacement values. At fig. 5 a summary picture is given which shows the expansion of the plastic zone depending on the parameter of loading under the following boundary conditions: on the left vertical side boundary of the square holds $\sigma_x = \frac{t}{2}$ and on the right vertical boundary

$$\sigma_x = \begin{cases} 2ty\,, & 0 \leqq y \leqq \frac{1}{2}\,, \\ 2t(1-y)\,, & \frac{1}{2} \leqq y \leqq 1\,. \end{cases}$$

The digits of the elasto-plastic boundary are given in fig. 5 and correspond to the values of the parameter of loading given in table 2. The plastic zone, as it follows from fig. 5, emerges in a neighborhood of the boundary point where the biggest forces are concentrated, and gradually it develops in a single connected domain which actually occupies the whole plate.

When solving these two problems, "the step" of the parameter of loading was equal to $\tau = t^*/10$; at $\tau = t^*/5$ and $\tau = t^*/20$ the graphs of stresses obtained practically didn't differ one from another.

As a corollary it is to be noted that in the paper [9] the postulate of isotropy for the copper M-2 was proved experimentally. And it is to be expected that the solution obtained presents a rather accurate approximation of the real state.

Table 1.

—1	2	3	4	5	6	7	8	9	10
$-\frac{11}{10}t^*$	$\frac{6}{5}t^*$	$\frac{13}{10}t^*$	$\frac{7}{5}t^*$	$\frac{3}{2}t^*$	$\frac{17}{10}t^*$	$2t^*$	$\frac{5}{2}t^*$	$3t^*$	$4t^*$

Table 2.

—1	2	3	4	5	6	7	8	9	10
$-\frac{7}{6}t^*$	$\frac{4}{3}t^*$	$\frac{3}{2}t^*$	$\frac{5}{3}t^*$	$\frac{11}{6}t^*$	$2t^*$	$\frac{5}{2}t^*$	$3t^*$	$4t^*$	$5t^*$

References

1 Vasilkovsky, S. N.; Yanenko, N. N., On the application of the approximated factorization in the Ritz method and in the finite element method, in: Dynamika sploshnoy sdredi, No 45, Novosibirsk 1980, pp. 48—57 (Russisch).

2 Yanenko, N. N., The Method of Fractional Steps when Solving Multidimensional Problems of Mathematical Physics, Nauka, Novosibirsk 1967, p. 195 (Russisch).

3 ZENKEVITCH, O.; CHANG, I., The Finite Element Method in the Theory of Constructions and in the Mechanics of Continua, Nauka, Moscow 1977, p. 239 (Russisch).
4 GORSKY, N. M.; KONOVALOV, A. N., On the numerical solution in the plane problem of the elasticity theory in stresses. In: Trans. Conf. on Numer. Methods of Solving Elasticity and Plasticity Problems, Novosibirsk 1969, pp. 32–37 (Russisch).
5 KACHANOV, L. M., The Fundamentals of the Plasticity Theory, GITL, Moscow 1956, p. 324 (Russisch).
6 SAMARSKY, A. A., The Theory of Difference Schemes, Nauka, Moscow 1976, p. 552 (Russisch).
7 MARCHUK, G. I., The Methods of Computational Mathematics, Nauka, Novosibirsk 1969, p. 455 (Russisch).
8 MUSKHELISHVILI, N. I., Some Basic Problems of Mathematical Elasticity Theory, Nauka, Moscow 1966, p. 707 (Russisch).
9 ANNIN, B. D., Up-to-Date Models of Plastic Media, NGU, Novosibirsk 1975, p. 95 (Russisch).

Received April 6, 1984

Address: Prof. Dr. S. N. VASILKOVSKY, Institute of Theoretical and Applied Mechanics of the Sibirian Branch of the Academy of Sciences of the USSR, 630090 Novosibirsk, USSR

BOOK REVIEWS

Morgan, K. / Periaux, J. / Thomasset, F. (eds.), Analysis of Laminar Flow over a Backward Facing Step. Braunschweig-Wiesbaden, Friedrich Vieweg & Sohn 1984. VI, 420 S., DM 89,–. £ 26.00. $ 35.00. ISBN 3 528 08083 3 (Notes on Numerical Fluid Mechanics 9)

Am 18. und 19. Januar 1983 fand in Bievres (Frankreich) ein GAMM-Workshop über numerische Methoden zur Lösung der zweidimensionalen Navier-Stokes-Gleichung statt. Die Resultate des Workshops, an dem insbesondere namhafte französische Vertreter der numerischen Strömungsmechanik beteiligt waren, wurden von KEN MORGAN, JAQUE PERIAUX und FRANCOIS THOMASSET in diesem Sammelband zusammengefaßt.

Als Testproblem wurde einheitlich eine Eckenströmung (stromabwärtige Stufe) gewählt. Die numerischen Ergebnisse sind für jeden Numeriker auf diesem Gebiet gut nachvollziehbar dargeboten.

Bei festgelegter Länge und Stufenlänge des Gebiets wurden durch Variation von Gebietsbreite, Stufenhöhe und Reynoldszahl 4 Geometrien für jeden der 22 Teilnehmer am Workshop vorgegeben. Bei den Randbedingungen war nur die Ausströmöffnung frei modellierbar. Die Auswertung der Rechnungen konzentrierte sich auf

- Stromlinien für das gesamte Gebiet,
- Stromlinien und Länge der Rezirkulationszone nach der Stufe,
- Isobaren, Isobarender Rezirkulation, Druckprofile,
- Geschwindigkeitsprofile, Scherspannungen.

Darüber hinaus wurden Angaben über den numerischen Aufwand (Rechenzeiten, Genauigkeitsverbesserung bei Netzverfeinerung) ermittelt. Die numerischen Resultate konnten mit experimentellen Daten zu diesem Problem von J. L. KUENY und G. BINDER verglichen werden. Leider lagen keine Druckmessungen vor.

Die in dem Sammelband gebotene mathematische und numerische Behandlung der Navier-Stokes-Gleichung umfaßt die derzeitig auf diesem Gebiet bekannten Ansätze. Von den 22 Beiträgen gingen 5 von der $\omega - \psi$-Formulierung, 14 von u,v,p-Modellen und 2 von gemischten Ansätzen aus. Als numerisches Verfahren kamen 6 mal Finite-Differenzen-, 11 mal Finite Elemente-, 1 mal Finite-Volumen- und 3 mal mehrere oder gemischte Verfahren zum Einsatz. Bei den u,v,p-Modellen erfolgte die Behandlung von Druck- und Divergenzfreiheit durch Penalty-Ansätze, durch den Einsatz divergenzfreier Basen und mit Hilfe von Potentialansätzen (ein interessanter Beitrag wurde hierzu von BRAZA, HA MINH, CAZALBON gegeben). Als numerische Lösungsverfahren wurden neben direkten Methoden bei linearisierten Gleichungen auch ADI-Verfahren und Prediktor-Korrektor-Ansätze verwendet.

Die Resultate zur Untersuchung der Eckenströmung fielen bei allen Teilnehmern sehr gut aus und waren insbesondere bei Geschwindigkeiten und Stromlinien untereinander ähnlich. Bei den Druckkonturen und Scherspannungen gab es signifikante Unterschiede, was wesentlich auf die hierbei enthaltenen unterschiedlichen numerischen Gradientenbehandlungen zurückzuführen sein dürfte. Größere Variationen traten bei zusätzlichen Untersuchungen für höhere Reynoldszahlen auf. Erwartungsgemäß ergaben sich sehr große Differenzen bei den Rechenzeiten (bei Berücksichtigung von Rechnergeschwindigkeiten, Compilern und Betriebssystemen bis zum 10fachen der schnellsten Rechnung).

Den Einzelbeiträgen des Sammelbandes wurde von den Herausgebern eine sichtende Zusammenfassung der Ergebnisse vorangestellt, die O. PIRONNEAU durch einen schönen Überblick zu wesentlichen Entwicklungen bei der numerischen Lösung der Navier-Stokes-Gleichung organisch ergänzte.

Berlin D. PROCHNOW

Laurie, D. P. (ed.), Numerical Solution of Partial Differential Equations: Theory, Tools, and Case Studies. Summer Seminar Series Held at CSIR, Pretoria, 1982. Basel-Boston-Stuttgart, Birkhäuser 1983. 341 S., sFr. 56.–. ISBN 3-7643-1561-X (ISNM 66)

The first chapters of these lecture notes give an introduction into the numerical methods for linear partial differential equations of mathematical physics. They start with a survey "Some types of partial differential equations and associated well-posed problems" by T. GEVECI. In "Basic principles of discretization methods" D. P. LAURIE shows how to construct finite difference methods and finite element methods. A special lecture on "Basis functions in the finite element method" is written by L. BAART; T. GEVECI describes the "Analysis of convergence of numerical methods", applied to elliptic boundary value problems, to the Cauchy problem and to the heat and wave equations. A chapter entitled "Time discretization in parabolic equations" by D. P. LAURIE is concerned with the solution of the system of ordinary differential equations originated with any space discretization. In "Parabolic equations with dominating convection terms" B. M. HERBST and S. W. SCHOOMBIE suggest the use of non-uniform moving grids. D. P. LAURIE reviews some methods for the "Solution of large systems of linear equations". These chapters of the book are mainly of interest for people who are looking for individually styled lectures to get some stimulation for their own work.

The book is enriched considerably by three lectures on advanced methods in special applied situations. H. NEISHLOS explaines "Finite element mesh partitioning for time integration of transient problems", which results in the use of different methods with different time steps for different parts of the system of ordinary differential equations after space discretization. H. A. RIPHAGEN reports on some aspects of the mathematical and computational modelling required for short-term, synoptic scale "Numerical wheather prediction". I. M. NAVON is concerned with "Conservation laws in fluid dynamics and the enforcement of their preservation in numerical discretizations". These lectures make the book to be of greater interest than granted before.

Berlin G. LIPPOLD

Moulden, T. H., Fundamentals of Transonic Flow. New York et al., John Wiley & Sons 1984. XVII, 332 S., £ 54.25. ISBN 0-471-04661-2

Der Verfasser will mit diesem Buch den Ingenieuren eine Einführung in die Aerodynamik bei Schallnähe geben. Reibungseinflüsse werden berücksichtigt, instationäre Vorgänge gestreift, auf moderne numerische Methoden konnte nicht eingegangen werden. Im ersten Teil werden die theoretischen Grundlagen behandelt, der zweite Teil ist der Beschreibung der Phänomene anhand von Versuchsergebnissen und Skizzen gewidmet. Sie wird von theoretischen Überlegungen begleitet.

Die gängige Einteilung in schallnahe Strömungen mit Unter- oder Überschallanströmung wird mengentheoretisch geboten, was für den Ingenieur m. E. keine Erleichterung darstellt. Die Hyperschallströmung wird auf S. 5 mit dem Hinweis auf dominierende Viskosität ausgeschlossen, obwohl die Reibung sich dort im allgemeinen wie im transsonischen in einer schmalen Schicht am Körper abspielt. Der Referent hält die Aufteilung in Druck- und Reibungswiderstand für wesentlich klarer als jene des Verfassers in Wellenwiderstand und Nachlauf, was keineswegs dasselbe ist. Das aktuelle Gebiet stoßfreier lokaler Überschallgebiete wird nur knapp gestreift, die Beziehung zwischen Widerstand und Stoßverlusten wird nicht formuliert. In Fig. 5.19 werden gar totale Enthalpieverluste hinter Stößen aufgetragen! Der Stoß kann nicht wie in Fig. 7.9b) enden und nicht auf der Schall-Linie beginnen, wie etwa auf S. 161 oder S. 182 Mitte. Dies nur einige Kritiken, die dem Buch nicht jeden Wert absprechen sollen. Als Einführung kann es jedoch nicht empfohlen werden.

Wien K. OSWATITSCH

ZAMM · Z. angew. Math. Mech. 66 (1986) 2, 103 – 111

LEONOW, G. A.; REITMANN, V.

Lokalisierung der Lösung diskreter Systeme mit instationärer periodischer Nichtlinearität

In der vorliegenden Arbeit wird mit der Methode der invarianten Kegel das Stabilitätsverhalten im Sinne von YU. A. Bakaev [1] von diskret wirkenden nichtautonomen Phasensystemen untersucht. Zu den betrachteten Phasensystemen gehören Systeme der automatischen Steuerung mit unstetigen Nichtlinearitäten, die periodisch sind. Mit Hilfe des in der Arbeit bewiesenen Frequenzkriteriums zur asymptotischen Eingrenzung der Phasendifferenz werden Fangregime eines einfachen Impuls- und eines Ziffernsystems der Phasensynchronisation analysiert. Diese Vorgehensweise erlaubt von einem einheitlichen Standpunkt aus die explizite Angabe der Attraktoren von Abbildungen der Kreisperipherie in sich, von unstetigen Poincaré-Abbildungen, wie sie beim Lorenz-System der konvektiven Turbulenz auftreten, von Punkt-Mengen-Abbildungen und von anderen Abbildungsklassen. Der Zusammenhang mit der Chaos-Theorie wird an einem Beispiel demonstriert.

In this paper the stability behavior in the sense of Yu. A. Bakaev [1] of discrete nonautonomous phase control systems is investigated by the method of invariant cones. An asymptotic estimation of the phase difference is given for a simple sampled data system. In the proposed way we get explicitly the attractors of maps of the circle S^1 to itself, of noncontinuous Poincaré maps belonging to the Lorenz-system, and other maps. The connection to the chaos-theorie is demonstrated by an example.

Методом инвариантных конусов изучается устойчивость по Ю. А. Бакаеву дискретных неавтономных фазовых систем. С помощью доказанной в работе частотного критерия асимптотической оценки фазовой ошибки анализируются простая импульсная система и цифровая система фазовой синхронизации. Предлагаемый подход позволяет с единой позиции определить аттракторы отображения окружности в себя, разрывных Пуанкаре отображений, встречающихся при исследовании системы Лоренца, и других классов отображений. На примере рассмотрены вопросы, связанные с теорией хаоса.

1. Einleitung

Ausgangspunkt für die vorliegenden Untersuchungen sind nichtlineare Phasenkopplungssysteme (PKS), die vielfältige Anwendungen in der Technik finden (Zeilensynchronisation in Fernsehgeräten, Fehlerkorrektur in Funkpeilgeräten, Nachrichtenübertragung im Kosmos usw., s. [3, 4, 5, 11, 15, 19, 21]). Das Grundprinzip der Phasenkopplung besteht nach SCHACHGILDYAN und LYACHOVKIN [15] darin, daß zwei periodische oder fastperiodische Prozesse ständig oder in gewissen Zeitabständen verglichen werden und durch ein System der automatischen Steuerung ein synchrones Verhalten zwischen ihnen hergestellt wird. Im Idealfall bedeutet das bei harmonischen Schwingungen die Gleichheit der Frequenzen und eine konstante Phasenverschiebung. Das prinzipielle Schema der automatischen Phasenkopplung zeigt Abb. 1. Das zu synchronisierende Signal und das Signal vom Generator G gehen auf den Phasendetektor PD, wo ein Fehlersignal ermittelt und über einen Niederfrequenzfilter NFF auf die Steuereinrichtung SE gegeben wird. Die Ermittlung der Fehlersignale geschieht entweder kontinuierlich oder diskret. Im letzten Fall ist mit dem Phasendetektor ein Diskretisator gekoppelt. Die Ausgangscharakteristik des Phasendetektors ist eine Δ-periodische, stückweise stetige, nichtlineare Funktion des Fehlersignals. Wie in [7, 15] festgestellt wird, stellt die eingangs beschriebene Form des vollständigen Synchronismus eine zu starke Idealisierung dar. Deshalb werden im allgemeinen schwächere Anforderungen gestellt: Die Mittelwerte der Frequenzen der Eingangs- und Ausgangssignale sollen übereinstimmen, und die Amplituden der Schwingungen der Phasendifferenz (Phasenfehler) sollen die Periode Δ der Charakteristik des Phasendetektors nicht überschreiten. Es kann dann, wie auch in [7] bemerkt wird, die Eigenschaft

$$|\sigma_{t_1} - \sigma_{t_2}| \leqq \Delta \quad \text{für alle} \quad t_1 \geqq t_0, t_2 \geqq t_0\,, \tag{1.1}$$

wobei σ_t die Phasendifferenz im Moment t ist und t_0 hinreichend groß ist, als ein Kriterium des Synchronismus gelten. Man sagt, daß das diskrete PKS Δ-stabil im ganzen ist, wenn jedes Regime der Beziehung (1.1) genügt, d. h. ein Fangregime ist. Bedingungen, die für bestimmte Klassen nichtlinearer, diskret bzw. kontinuierlich wirkender PKS diese Art des Synchronismus garantieren, werden in den Arbeiten [1, 2, 4–8, 14] angeführt. Diese Aussagen lassen sich präzisieren, wenn zusätzliche Eigenschaften der Nichtlinearität, die in technischen Systemen vorhanden sind, ausgenutzt werden. Wir führen mit dieser Absicht den folgenden Begriff ein, der eine Verallgemeinerung der Δ-Stabilität darstellt.

Definition: Gegeben sei eine Zahl $\varrho \in (0, 1]$. Ein diskretes PKS mit Δ-periodischer Charakteristik des PD heißt *$\varrho\Delta$-stabil im ganzen*, wenn sich für ein beliebiges Regime $\{\sigma_t\}$ ein t_0 angeben läßt, so daß für alle $t_1 \geqq t_0$ und $t_2 \geqq t_0$

$$|\sigma_{t_1} - \sigma_{t_2}| \leq \varrho\Delta \tag{1.2}$$

gilt.

In der vorliegenden Arbeit wird die $\varrho\Delta$-Stabilität im ganzen mit $0 < \varrho < 1$ für nichtautonome mehrdimensionale diskrete Phasensysteme nachgewiesen, und es werden damit unmittelbar Untersuchungen aus [14] ($\varrho = 1$)

Abb. 1. Funktionelles Schema der Phasenkopplung

und von BELYCH und MAKSAKOV aus [2, 19] (autonomer ein- bzw. zweidimensionaler Fall) zur asymptotischen Einschränkung des Phasenfehlers fortgeführt.

Die in der Arbeit eingesetzte Beweistechnik verwendet einerseits Lyapunov-Funktionen, die mit dem Lemma von YAKUBOVICH, KALMAN und SZEGÖ [22] gewonnen werden. Dominierender, und im Vergleich zu anderen Arbeiten [4—10, 14] neu ist aber die Konstruktion eines streckenweise kontinuierlich angesiedelten (also nicht nur in ganzzahligen Vielfachen des Phasenvektors wie in den genannten Arbeiten) Netzes invarianter Kegel im Phasenraum. Mit diesen Kegeln wird eine monotone zweiseitige Einschließung der Lösungen der betrachteten Differenzengleichungen ermöglicht, wobei als Ergebnis der Einschließung ein im gewissen Sinne minimaler Attraktor entsteht.

Diese Vorgehensweise läßt sich auch auf andere dynamische Systeme übertragen, z. B. auf solche, die durch Differentialgleichungen erzeugt werden ([23]).

2. Frequenzkriterium der $\varrho\Delta$-Stabilität

Wir betrachten das System

$$x_{t+1} = Ax_t + b\varphi(\sigma_t, t)\,, \qquad \sigma_t = c^*x_t\,, \qquad t = 0, 1, \ldots\,, \tag{2.1}$$

wobei A eine konstante $n \times n$-Matrix ist, die 1 als Eigenwert besitzt, b und c sind n-Vektoren, und φ ist eine skalare Funktion der Argumente $\sigma \in \mathbb{R}^1$ und $t \in \{0, 1, \ldots\}$. Mit dem Symbol $*$ wird die Operation des Transponierens bezeichnet. Es wird vorausgesetzt, daß φ der Bedingung

$$\varphi(\sigma, t)\,\sigma \leqq \mu\sigma^2 \quad \text{für alle} \quad \sigma \in \mathbb{R}^1\,, \qquad t = 0, 1, \ldots\,, \tag{2.2}$$

mit einer Konstanten $\mu > 0$ genügt und periodisch mit einer Periode $\Delta > 0$ ist, d. h. es gilt insbesondere

$$\varphi(\sigma + \Delta, t) = \varphi(\sigma, t) \quad \text{für alle} \quad \sigma \in \mathbb{R}^1\,, \qquad t = 0, 1, \ldots\,. \tag{2.3}$$

Die Stetigkeit von $\varphi(., t)$ wird nicht gefordert.

Aus technischer Sicht ist σ_t die Differenz der Phasen von Eichgenerator und abzustimmendem Generator (Phasenfehler), x_t ist der Zustand des Systems zum Zeitpunkt t, $\varphi(\sigma, t)$ ist die instationäre nichtlineare Charakteristik des Phasendetektors. Wir bezeichnen mit $\chi(p) = c^*(A - pI)^{-1}\,b$ (p eine komplexe Zahl, I die Einheitsmatrix) die Übertragungsfunktion des linearen Teils von (2.1) und setzen voraus, daß $\chi(p)$ nichtsingulär ist, d. h. (vgl. [4]), daß $\chi(p)$ eine echt gebrochene rationale Funktion darstellt, deren Zähler- und Nennerpolynome keine gemeinsamen Nullstellen besitzen und deren Nennerpolynom den Grad n hat. Die Nichtsingularität von $\chi(p)$ ist in unserem Falle äquivalent zur vollständigen Steuerbarkeit des Paars (A, b) und vollständigen Beobachtbarkeit des Paars (A, c). Weiter existiert bei unseren Voraussetzungen, wie z. B. in [14] gezeigt wurde, ein Vektor $r \in \mathbb{R}^n$, $r \neq 0$ mit

$$Ar = r \quad \text{und} \quad c^*r = \Delta\,. \tag{2.4}$$

Wir formulieren nun das zentrale Ergebnis der vorliegenden Arbeit.

Satz: *Es seien folgende Bedingungen erfüllt:*

1) *Es existiert eine Zahl $\lambda \in (0, 1)$, so daß die Matrix $\frac{1}{\lambda} A$ einen Eigenwert außerhalb und $n - 1$ Eigenwerte innerhalb des Einheitskreises besitzt und die Ungleichung*

$$\operatorname{Re} \chi(\lambda p) + \mu\,|\chi(\lambda p)|^2 < 0 \tag{2.5}$$

für alle komplexen p mit $|p| = 1$ erfüllt ist.

2) *Es existieren Zahlen $\delta_0 > 0$ und $\delta_1 > 0$ mit $\delta_0 + \delta_1 < \Delta$, und es existiert eine stetige Δ-periodische Funktion $\varphi_1: \mathbb{R}^1 \to \mathbb{R}^1$, so daß gilt:*

a) *Für jedes $\gamma \in (0, \delta_0]$ ist*

$$\varphi(\sigma, t) \leqq \varphi_1(\sigma) < \mu(\sigma - \gamma) \tag{2.6}$$

bei beliebigem $\sigma \in [\gamma, \Delta]$ und $t = 0, 1, \ldots$.

b) *Für jedes $\gamma \in [-\delta_1, 0)$ ist*

$$\varphi(\sigma, t) \geqq \varphi_1(\sigma) > \mu(\sigma - \gamma) \tag{2.7}$$

bei beliebigen $\sigma \in [-\Delta, \gamma]$ und $t = 0, 1, \ldots$.

3) $c^*b < 0$. — *Seien $\varepsilon_1 \in (0, \delta_0)$ und $\varepsilon_2 \in (0, \delta_1)$ beliebig. Dann existieren für jede Lösung $\{x_t\}_{t\geqq 0}$ von (2.1), die nicht gegen ein kr (k ganzzahlig) konvergiert, ganze Zahlen j und $t_0 \geqq 0$, so daß*

$$\sigma_t = c^*x_t \in \Gamma_j(\varepsilon_1, \varepsilon_2) \tag{2.8}$$

für alle $t \geqq t_0$ gilt, wobei

$$\Gamma_j(\varepsilon_1, \varepsilon_2) \overset{\text{def}}{=} [j\Delta + \delta_0 - \varepsilon_1, (j + 1)\,\Delta - \delta_1 + \varepsilon_2]$$

ist.

Folgerung: *Unter den Bedingungen des Satzes ist System* (2.1) *$\varrho\Delta$-stabil im ganzen mit*

$$\varrho = 1 - \frac{1}{\Delta}\,(\delta_0 + \delta_1 - \varepsilon_1 - \varepsilon_2)\,.$$

Der Beweis des Satzes ist in Abschnitt 4 zu finden.

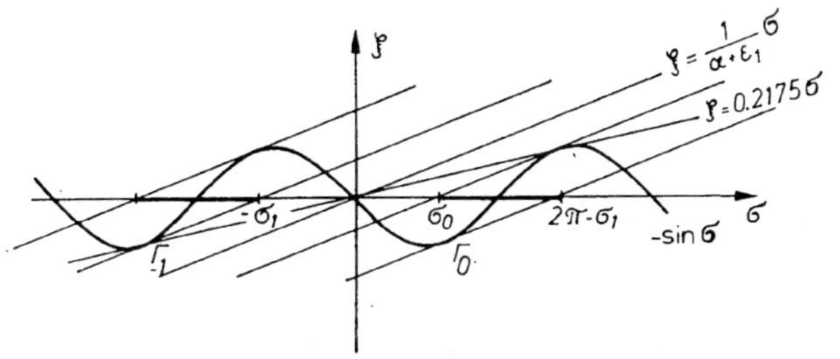

Abb. 2. Attraktoren für (3.1) mit $F(\sigma) = \sin\sigma$, $\delta = 0$, $1 < \alpha < 4.6$. – Anstelle von $-\sigma_1$, σ_0, σ_1 auf der σ-Achse lies δ_1, δ_0, δ_1.

Bemerkung 1: Bei der Ungleichung (2.5) handelt es sich um die übliche Frequenzbedingung, die zusammen mit gewissen Zusatzbedingungen die Lösbarkeit der Lyapunov-Ungleichung mit Nebenbedingung durch das Lemma von YAKUBOVICH, KALMAN und SZEGÖ [4, 22] garantiert. Die Bedingung 2) geht praktisch davon aus, daß diese Frequenzbedingung mit einer gewissen „Reserve" bezüglich μ erfüllt ist. Wir betrachten zur Illustration dieses Sachverhalts die Δ-periodische Nichtlinearität auf Abb. 2. Die Bedingungen (2.6) bzw. (2.7) fordern, daß auf beliebigen Intervallen (γ', Δ) mit $\gamma' \in (0, \delta_0]$ bzw. $[-\Delta, \gamma'')$ mit $\gamma'' \in [-\delta_1, 0)$ die Nichtlinearität φ unterhalb bzw. oberhalb der jeweiligen Geraden $\xi = \mu(\sigma - \gamma')$ bzw. $\xi = \mu(\sigma - \gamma'')$ liegt.

3. Attraktoren und $\varrho\Delta$-Stabilität für Impuls- und Ziffernsysteme der Phasensynchronisation

3.1. Sinusartige Charakteristik des Phasendetektors

Gegeben sei ein Impulsphasenkopplungssystem aus [19], S. 165, dessen Wirkungsweise durch eine Abbildung f der Peripherie des Einheitskreises in sich $f\colon S^1 \to S^1$ mit

$$\bar{\Theta} = \Theta + \delta - \alpha F(\Theta) \equiv f(\Theta, \alpha, \delta) \tag{3.1}$$

beschrieben wird. Dabei sind α und δ Parameter, und $F(\Theta)$ ist die nichtlineare Charakteristik des Phasendetektors, die auf $(-\pi, \pi)$ ungerade ist und durch $\max\limits_{\Theta \in [-\pi, \pi]} |F(\Theta)| = 1$ normiert ist. Wir interpretieren die Punktabbildung (3.1) als diskretes System

$$\Theta_{t+1} = \Theta_t + \delta - \alpha F(\Theta_t)\,, \qquad t = 0, 1, \ldots, \tag{3.2}$$

wobei wir uns F 2π-periodisch fortgesetzt denken.

Bezüglich der Parameter ist besonders der Bereich $0 \leqq \delta \leqq \pi$, $\alpha > 0$ und $\frac{\delta}{\alpha} < 1$ interessant, da dann Fixpunkte von (3.1) existieren. Für unsere Betrachtungen setzen wir $\delta = 0$ und zunächst $F(\Theta) = \sin\Theta$.[1]) Das dadurch entstandene System (3.2) wird mit verschiedenen Methoden auch in [5, 16, 20] untersucht. Dabei wird in [20] der Parameterbereich $0 < \delta < \frac{16}{9}$ und in [5], S. 45, $\alpha = 0{,}1$ betrachtet. Wir überführen System (3.2) in unsere Standardform durch die Substitution $\Theta = \sigma - \pi$ und erhalten

$$\sigma_{t+1} = \sigma_t - \alpha F(\sigma_t - \pi) = \sigma_t - \alpha\,(-\sin\sigma_t)\,, \qquad t = 0, 1, \ldots\,. \tag{3.3}$$

In diesem Beispiel ist bezüglich (2.1)–(2.3) $A = 1$, $b = -\alpha$, $c = 1$ und $\varphi(\sigma, t) \equiv -\sin\sigma$. Offensichtlich ist die Bedingung 3) des Satzes erfüllt. Wir betrachten die Übertragungsfunktion des linearen Teils von (3.3) $\chi(p) = \frac{\alpha}{p-1}$ und überprüfen die Frequenzbedingung (2.5), wobei wir $\lambda \in (0, 1)$ und $\mu > 0$ noch festlegen. Es gilt mit $p = e^{i\omega}$, $\omega \in (-\pi, \pi]$, die Beziehung

$$\chi(\lambda p) = \frac{\alpha}{(\lambda\cos\omega - 1) + i\lambda\sin\omega} = \frac{\alpha[(\lambda\cos\omega - 1) - i\lambda\sin\omega]}{[\lambda\cos\omega - 1]^2 + \lambda^2\sin^2\omega}.$$

Somit erhält man

$$\operatorname{Re}\chi(\lambda p) + \mu\,|\chi(\lambda p)|^2 = \frac{\alpha(\lambda\cos\omega - 1) + \mu\alpha^2}{[\lambda\cos\omega - 1]^2 + \lambda^2\sin^2\omega}.$$

Damit (2.5) erfüllt ist, müssen wir

$$\alpha(\lambda\cos\omega - 1) + \mu\alpha^2 < 0 \quad \text{für alle} \quad \omega \in (-\pi, \pi)]$$

---

[1]) Im Falle von $\delta \neq 0$ mit $0 < \frac{\delta}{\alpha} < 1$ läßt sich der obige Satz ebenfalls anwenden. Man schreibt dazu

$$\Theta_{t+1} = \Theta_t + \delta - \alpha\sin\Theta_t = \Theta_t + \alpha\left(\frac{\delta}{\alpha} - \sin\Theta_t\right) = \Theta_t + \alpha(\sin\bar{\Theta} - \sin\Theta_t)\,, \qquad t = 0, 1, \ldots,$$

mit $\bar{\Theta} \in \left(0, \frac{\pi}{2}\right)$ und benutzt die bekannte Ungleichung

$$(-\sin(\Theta - \bar{\Theta}) - \sin\bar{\Theta})\,\Theta \leqq \frac{1 + \sin\bar{\Theta}}{1 + \pi - \bar{\Theta}}\,\Theta^2\,, \qquad \Theta \in \mathbb{R}^1\,,$$

womit dann (2.2) erfüllt ist.

für ein $\lambda \in (0, 1)$ fordern. Letzteres ist möglich für

$$0 < \alpha < \frac{1}{\mu}. \tag{3.4}$$

Wir betrachten nun die konkrete Nichtlinearität $\varphi(\sigma) = -\sin\sigma$ und überprüfen die Ungleichungen (2.6) und (2.7). Aus Abb. 2 ist ersichtlich, daß die Attraktoren (2.8) um so kleiner sind, je größer μ ist. (Bei $\mu \geqq 1$ lassen sich die Attraktoren bis auf einen Punkt „zusammenstauchen".) Die Größe μ muß allerdings so sein, daß neben (2.6) und (2.7) auch die Bedingung (2.2) und die Frequenzbedingung (2.5) erfüllt ist. Die Bedingung (2.2) ist mit einem minimalen $\mu_0 = 0{,}2175$ erfüllt. Unter Berücksichtigung dessen, daß unsere Bedingungen immer mit einer gewissen „Reserve" erfüllt sein müssen, erhält man damit aus (3.4) für α den möglichen Bereich

$$0 < \alpha < 4.6\,. \tag{3.5}$$

Offensichtlich ist $\sigma_t \equiv j\,2\pi$, $j \in \mathbb{Z}$, eine Lösung von (3.3). An den Stellen $j\,2\pi$ ist für $g(\sigma) = \sigma - \alpha(-\sin\sigma)$ die Ungleichung $g'(j\,2\pi) = 1 + \alpha > 1$ erfüllt. Folglich sind die $j\,2\pi$ abstoßende Fixpunkte von $\sigma = g(\sigma)$, was die Instabilität im kleinen von $\sigma_t \equiv j\,2\pi$ für (3.3) bedeutet. Für $0 < \alpha < 1$ ist $\mu > 1$ möglich, so daß (2.5)–(2.7) erfüllt sind. Man erhält, da δ_0 und δ_1 in beliebiger Nähe von $\pi - 0$ gewählt werden können, mit dem Satz für $\sigma_t \not\equiv k\,2\pi$, $k \in \mathbb{Z}$, die Aussage

$$\forall \varepsilon_1, \varepsilon_2 \in (0, \pi)\ \exists j \in \mathbb{Z}\ \exists t_0 \in \mathbb{N}: t \geqq t_0 \Rightarrow \sigma_t \in [j\,2\pi + \pi - \varepsilon_1, (j + 1)\,2\pi - \pi + \varepsilon_2]\,.$$

Letzteres bedeutet, daß bei $0 < \alpha < 1$ jede Lösung von (3.3) außer $\sigma_t \equiv k\,2\pi$, $k \in \mathbb{Z}$, gegen einen Punkt $(j2 + 1)\,\pi$, $j \in \mathbb{Z}$, konvergiert.

Gegeben sei nun ein $\alpha \in [1; 4.6)$, mit dem wir die Gerade $\xi = \frac{1}{\alpha + \varepsilon_3}\,\sigma$ (mit $\varepsilon_3 > 0$ hinreichend klein) betrachten. Die maximale Verschiebung von $\xi = \frac{1}{\alpha + \varepsilon_3}\,\sigma$ von links und rechts, so daß (2.6) und (2.7) erfüllt sind, läßt sich elementar berechnen. Man erhält

$$\delta_0 = \pi + \arccos\frac{1}{\alpha + \varepsilon_3} - (\alpha + \varepsilon_3)\sqrt{1 - \frac{1}{(\alpha + \varepsilon_3)^2}}$$

und kann wegen der Symmetrie $\delta_1 = \delta_0$ wählen. Aus dem Satz folgt mit (2.8) für eine beliebige Lösung $\sigma_t \not\equiv k2\pi$, $k \in \mathbb{Z}$,

$$\forall \varepsilon_1, \varepsilon_2 \in (0, \delta_0)\ \exists j \in \mathbb{Z}\ \exists t_0 \in \mathbb{N}: t \geqq t_0 \Rightarrow \sigma_t \in \Gamma_j\,, \tag{3.6}$$

wobei

$$\Gamma_j = \Bigg[j\,2\pi + \pi + \arccos\frac{1}{\alpha + \varepsilon_3} - (\alpha + \varepsilon_3)\sqrt{1 - \frac{1}{(\alpha + \varepsilon_3)^2}} - \varepsilon_1\,,$$
$$(j + 1)\,2\pi - \pi - \arccos\frac{1}{\alpha + \varepsilon_3} + (\alpha + \varepsilon_3)\sqrt{1 - \frac{1}{(\alpha + \varepsilon_3)^2}} + \varepsilon_2\Bigg]$$

ist. Für $j = 0$, $\varepsilon_1, \varepsilon_2, \varepsilon_3 \to +0$ und $\sigma_t = \Theta_t + \pi$ für alle t stimmt (3.6) mit dem Grundattraktor O^+ aus [19], S. 167, überein.

Bemerkung 2: Die Vorgehensweise in [19] beruht auf der Methode der Punktabbildungen und ist speziell für ein- und zweidimensionale autonome Systeme geeignet. Durch Kopplung mit numerischen Vorgehensweisen gelingen dadurch hinreichend genaue Angaben der Attraktoren. Die Einschränkung unseres Satzes auf $n = 1$ und den autonomen Fall liefert im vorliegenden Beispiel ein effektives Ergebnis.

Bemerkung 3: Wie in [19] ausgeführt wird (siehe hierzu auch [16]), können bei Änderung von α in bestimmten Bereichen folgende Effekte auf Γ_j auftreten: Die Grenzmenge dieser Trajektorien ist auf Γ_j gelegen und ist ein Fixpunkt, ein oder mehrere p-Zyklen, eine fastperiodische Trajektorie oder ein seltsamer Attraktor (d. h. eine anziehende Menge, die keine stabilen Trajektorien enthält). Eine wesentliche Rolle bei der Entscheidungsfindung darüber, welcher Typ vorliegt, spielen die Sätze von Scharkovski, Li und Yorke über stetige Abbildungen eines Intervalls in sich. Eine Übertragung solcher Aussagen auf die bei uns vorkommenden unstetigen Abbildungen findet man z. B. bei Siegbert (in [12] formuliert).

3.2. Sägezahnartige Charakteristik des Phasendetektors

Wir betrachten (3.1) mit F aus [19]:

$$F(\Theta) = \begin{cases} \dfrac{\Theta}{\nu}, & |\Theta| \leqq \nu\,, \\[2ex] \dfrac{\pi - \Theta}{\pi - \nu}. & \nu < \Theta < 2\pi - \nu\,, \qquad F(\Theta) = F(\Theta + 2\pi) \quad \text{für alle} \quad \Theta \in \mathbb{R}^1\,. \end{cases}$$

Dabei gelte nun (auch bezüglich (3.2)) $\alpha > 0$, $0 < \nu < \pi$ und $\pi + \nu > \alpha$. Wir substituieren auch hier $\Theta = \sigma - \pi$ und erhalten

$$F_1(\sigma) = \begin{cases} \dfrac{\sigma - \pi}{\nu}, & -\nu + \pi \leqq \sigma \leqq \nu + \pi\,, \\[2ex] \dfrac{-\sigma}{\pi - \nu}, & \nu - \pi < \sigma < \pi - \nu\,, \qquad F_1(\sigma) = F_1(\sigma + 2\pi) \quad \text{für alle} \quad \sigma \in \mathbb{R}^1\,. \end{cases} \tag{3.7}$$

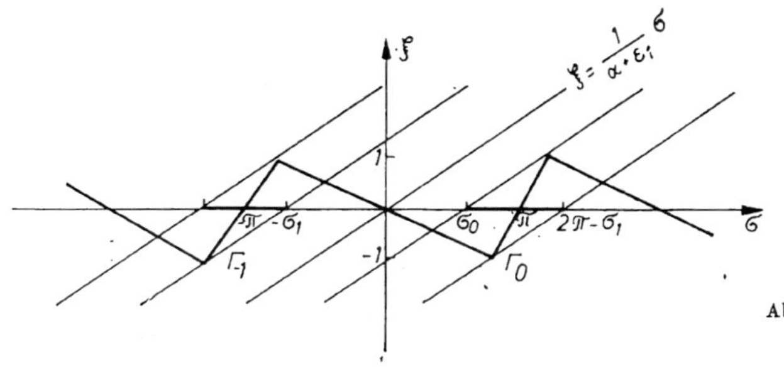

Abb. 3. Attraktoren für (3.1) mit sägezahnartiger Nichtlinearität Anstelle von $-\sigma_1, \sigma_0, \sigma_1$ auf der σ-Achse lies $-\delta_1, \delta_0, \delta_1$

Das Bild ist auf Abb. 3 zu sehen. Offensichtlich ist auch hier $\sigma_t \equiv j\,2\pi, j \in \mathbb{Z}$, Lösung von (3.3), (3.7). An den Stellen $j2\pi$ ist für $g(\sigma) = \sigma - \alpha\left(\frac{-\sigma}{\pi - \nu}\right)$ aber $g'(j\,2\pi) = 1 + \frac{\alpha}{\pi - \nu} > 1$, d. h. die Punkte $j\,2\pi$ sind abstoßend. Die Anwendung des Satzes ergibt, daß für jede nichtstationäre Lösung $\{\sigma_t\}$ von (3.3), (3.7) laut (2.8) gilt:

$$\forall\, \varepsilon_1, \varepsilon_2 \in \big(0, \pi - (\alpha - \nu)\big)\ \exists\, j \in \mathbb{Z}\ \mathrm{E}\ t_0 \in \mathbb{N}: t \geqq t_0 \Rightarrow \sigma_t \in \Gamma_j(\varepsilon_1, \varepsilon_2)\,. \tag{3.8}$$

Hierbei ist $\Gamma_j(\varepsilon_1, \varepsilon_2) = [j2\pi + \pi - (\alpha - \nu) - \varepsilon_1, (j + 1)\,2\pi - \pi + (\alpha - \nu) + \varepsilon_2]$.

Bemerkung 4: Bei $\varepsilon_1, \varepsilon_2 \to +0$ stimmt (3.8) mit dem Ergebnis aus [19] überein, wobei, wie aus dem Satz von KOSYAKIN und SANDLER folgt, bei $\alpha > 2\nu$ die Grenzmenge Ω_j bezüglich der Trajektorien von (3.2), (3.8) in Γ_j ein seltsamer Attraktor ist, der für $\nu \to +0$ in (3.7) bezüglich der Nichtlinearität Ähnlichkeit mit dem Attraktor der Abbildung in sich einer schneidenden Ebene entlang der Trajektorien (Poincaré'-Abbildung) des Lorenz-Systems der konvektiven Turbulenz besitzt. Für den Nachweis braucht man nur die Ableitung der Nachfolgerfunktion

$$g_1(\sigma) = \sigma - \alpha F_1(\sigma) \quad \text{für} \quad \sigma \neq \begin{Bmatrix} \pi - \nu \\ \pi + \nu \end{Bmatrix} \pm 2k\pi\,, \qquad k \in \mathbb{Z}\,,$$

zu betrachten. Dann gilt mit (3.7)

$$g_1'(\sigma) = \begin{cases} 1 - \dfrac{\alpha}{\nu}, & -\nu + \pi < \sigma < \nu + \pi\,, \\[2ex] 1 + \dfrac{\alpha}{\nu}. & \nu - \pi < \sigma < \pi - \nu\,. \end{cases}$$

Damit $|g_1'(\sigma)| > 1$ für obige σ erfüllt ist, ist

$$1 - \frac{\alpha}{\nu} < -1 \Leftrightarrow 2\nu < \alpha$$

erforderlich.

3.3. Ziffernphasenkopplungssystem $(F(\Theta) = \operatorname{sign} \sin \Theta)$

Gegeben sei ein Ziffernsystem erster Ordnung, das aus (3.2) hervorgeht mit $F(\Theta) = \operatorname{sign} \sin \Theta$. Damit erhalten wir das System

$$\Theta_{t+1} = \begin{cases} \Theta_t - (\alpha - \delta)\,, & \pi > \Theta_t \geqq 0\,, \\ \Theta_t + (\alpha + \delta)\,, & -\pi \leqq \Theta_t < 0\,, \qquad t = 0, 1, \ldots\,, \end{cases}$$

wobei $\alpha > \delta$ vorausgesetzt wird. Wir definieren

$$\bar{F}(\Theta) = \begin{cases} \alpha - \delta\,, & 0 \leqq \Theta < \pi\,, \\ -(\alpha + \delta)\,, & -\pi \leqq \Theta < 0\,, \qquad \bar{F}(\Theta + 2\pi) = \bar{F}(\Theta) \quad \text{für alle} \quad \Theta \in \mathbb{R}^1 \end{cases} \tag{3.9}$$

(s. Abb. 4) und haben es hier mit einer unstetigen Nichtlinearität zu tun („binäre Quantelung"). Jedoch auch in dieser Situation ist der Satz anwendbar. Dazu substituieren wir wie oben $\Theta = \sigma - \pi$ und erhalten

$$\sigma_{t+1} = \sigma_t - \bar{F}(\sigma_t - \pi) = \sigma_t - F_1(\sigma_t)\,, \qquad t = 0, 1, \ldots\,, \tag{3.10}$$

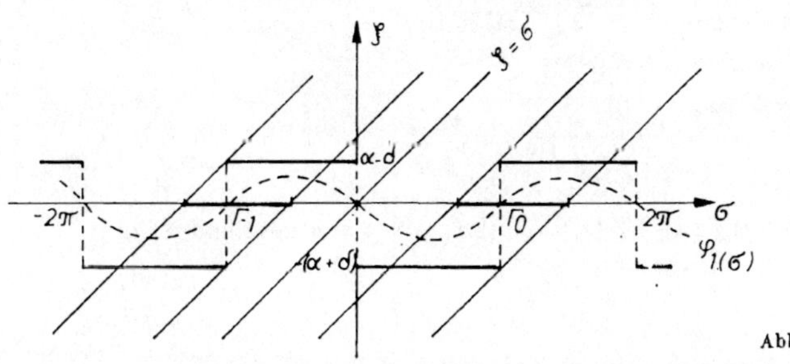

Abb. 4. Attraktoren für (3.1) mit $F(\sigma) = \operatorname{sign} \sin \sigma$

mit

$$F_1(\sigma) = \begin{cases} \alpha - \delta, & \pi \leqq \sigma < 2\pi, \\ -(\alpha + \delta), & 0 \leqq \sigma < \pi, \end{cases} \qquad F_1(\sigma) = F_1(\sigma + 2\pi) \quad \text{für alle} \quad \sigma \in \mathbb{R}^1 .$$

Mit dem Satz läßt sich sofort aus Abb. 4 ablesen, daß für $\sigma_t \not\equiv k2\pi$, $k \in \mathbb{Z}$, gilt:

$$\forall \varepsilon_1 \in (0, \pi - (\alpha - \delta)) \; \forall \varepsilon_2 \in (0, \pi - (\alpha + \delta)) \; \exists j \in \mathbb{Z}, \; \exists t_0 \in \mathbb{N}: \quad t \geqq t_0 \Rightarrow \sigma_t \in \Gamma_j(\varepsilon_1, \varepsilon_2) \tag{3.11}$$

mit $\Gamma_j(\varepsilon_1, \varepsilon_2) = [j\,2\pi + \pi - (\alpha - \delta) - \varepsilon_1, (j + 1)\,2\pi - \pi + (\alpha + \delta) + \varepsilon_2]$.

Bemerkung 5: Stetige Approximation von $-\text{sign} \sin(\cdot)$ von oben auf $(0, \pi)$ und von unten auf $(\pi, 2\pi)$ wirkt sich im allgemeinen verkleinernd auf die Größe des Attraktors aus. Als Beispiel nennen wir die in [12], S. 348, benutzte stetige Approximation $f_\varrho(\cdot)$ für $-\text{sign} \sin(\cdot)$ $\left(\varrho \text{ ist ein Parameter aus } \left(0, \frac{\pi}{2}\right)\right)$:

$$f_\varrho(\Theta) = \begin{cases} -\text{sign}\,\Theta, & \varrho < \Theta < \pi - \varrho \quad \text{oder} \quad \pi + \varrho < \Theta < 2\pi - \varrho, \\ \dfrac{\Theta - \pi}{\varrho}, & \pi - \varrho \leqq \Theta \leqq \pi + \varrho, \\ -\dfrac{\Theta - \pi}{\varrho}, & 0 \leqq \Theta \leqq \varrho \text{ oder } 2\pi\,\varrho \leqq \Theta \leqq 2\pi + \varrho, \end{cases}$$

sowie

$$f_\varrho(\Theta) = f_\varrho(\Theta + 2\pi) \quad \text{für alle} \quad \Theta \in \mathbb{R}^1 .$$

Wie aus Abb. 5 zu ersehen ist, gilt dann (3.11) mit $\delta = 0$ und $\alpha - \varrho$ anstelle von α.

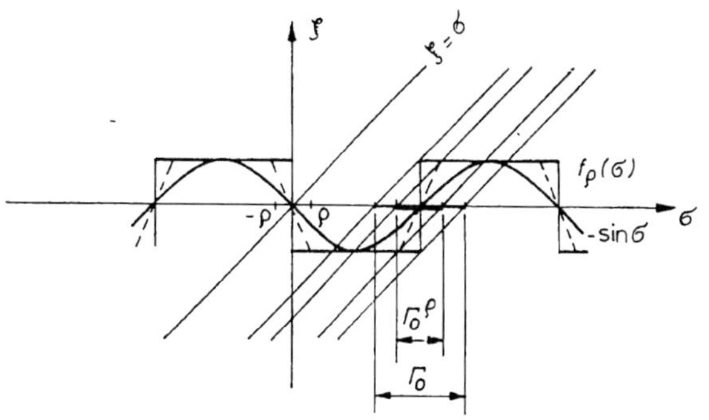

Abb. 5. Veränderter Attraktor bei Approximation von $-\text{sign} \sin \sigma$ durch $f_\varrho(\sigma)$

Bemerkung 6: Wir haben uns in den Beispielen darauf beschränkt, autonome Systeme 1. Ordnung zu betrachten, da es in erster Linie darum ging, den Charakter der Bedingung 2) des Satzes anhand von Nichtlinearitäten verschiedener Glattheit zu veranschaulichen. Bezüglich konkreter nichtautonomer Systeme höherer Ordnung sei z. B. auf [6] verwiesen. Auch die in [7] durchgeführte Analyse eines diskreten Systems der automatischen Phasensteuerung zweiter Ordnung kann im Sinne des Satzes der vorliegenden Arbeit präzisiert werden.

4. Anhang: Beweis des Satzes

Der Übersichtlichkeit halber haben wir den Beweis in einige Etappen gegliedert.

4.1. Konstruktion des Kegelnetzes

Wegen (2.5) und der Nichtsingularität von $\chi(p)$ sind die Bedingungen des („diskreten") Lemmas von Yakubovich, Kalman und Szegö [22] erfüllt, und es existieren eine $n \times n$-Matrix $H = H^*$ und eine Zahl $\varepsilon_1 > 0$, so daß

$$\frac{1}{\lambda^2}(Ax + b\xi)^2 H(Ax + b\xi) - x^*Hx + (\mu c^*x - \xi)\, c^*x \leqq -\varepsilon_1 \|x\|^2 \quad \text{für alle} \quad x \in \mathbb{R}^n \text{ und alle } \xi \in \mathbb{R}^1 \tag{4.1}$$

gilt, wobei $\|\cdot\|$ die Euklidische Norm bezeichnet. Wegen (4.1) und der Bedingung 1) des Satzes besitzt die Matrix $H = H^*$ einen negativen und $n - 1$ positive Eigenwerte (s. [17]). Aus [13] folgt

$$\{x \mid x^*Hx \leqq 0\} \cap \{x \mid c^*x = 0\} = \{0\} . \tag{4.2}$$

Für einen beliebigen Parameter $\varrho \in \mathbb{R}^1$ und r aus (2.4) definieren wir die Funktion $V_\varrho(\cdot)\colon \mathbb{R}^n \to \mathbb{R}^1$ durch

$$V_\varrho(x) = (x - \varrho r)^* H(x - \varrho r) \quad \text{und die Menge} \quad \Omega_\varrho = \{x \mid V_\varrho(x) \leqq 0\} .$$

Wie in [14] gezeigt wurde, gilt für eine beliebige Lösung $\{x_t\}$ von (2.1):

$$\forall j \in \mathbb{Z}: x_t \underset{t \to \infty}{\not\to} jr \Rightarrow [\exists j_0 \in \mathbb{Z}\; \exists T \in \mathbb{N}: t \geqq T \Rightarrow x_t \in \Gamma_{j_0}] . \tag{4.3}$$

Dabei ist

$$\Gamma_{j_0} \overset{\text{def}}{=} \Omega_{j_0} \cap \Omega_{j_0+1} \cap \{x \mid j_0 \Delta \leqq c^*x \leqq (j_0 + 1)\,\Delta\} .$$

Wir wählen ein beliebiges $\gamma_0 \in (0, \delta_0/\Delta)$ und zeigen für jede Lösung $\{x_t\}$ von (2.1), die (4.3) genügt und für die

$$\forall t_1 \in \mathbb{N}\; \exists t_2 > t_1: x_{t_2} \neq j_0 r \tag{4.4}$$

gilt, die Eigenschaft

$$\forall \gamma \in (0, \gamma_0]\; \exists T_\gamma: t \geqq T_\gamma \Rightarrow x_t \in \Gamma_{j_0, \gamma} , \tag{4.5}$$

wobei

$$\Gamma_{j_0,\gamma} \stackrel{\text{def}}{=} \Omega_{j_0+\gamma} \cap \Omega_{j_0+1} \cap \{x \mid (j_0+\gamma)\,\Delta \leqq c^*x \leqq (j_0+1)\,\Delta\}$$

ist. Für beliebiges $\gamma \in (0, \gamma_0)$ folgt aus (4.2)

$$\{x \mid (x-(j_0+\gamma)\,r)^*\,H(x-(j_0+\gamma)\,r) \leqq 0\} \cap \{x \mid c^*x = (j_0+\gamma)\,\Delta\} = \{(j_0+\gamma)\,r\}\,.$$

Folglich sind die Mengen

$$\Omega_{j_0+\gamma} \cap \{x \mid (j_0+\gamma)\,\Delta \leqq c^*x\} \quad \text{und} \quad \Omega_{j_0+1} \cap \{x \mid c^*x \leqq (j_0+1)\,\Delta\}$$

nach [4] konvex, woraus die Konvexheit von $\Gamma_{j_0,\gamma}$ folgt.

4.2. Bereitstellung einer Ungleichung für $V_\varrho(x_t)$

Wir setzen in (4.1) die Ausdrücke $x = x_t - (j_0+\gamma)\,r$ und $\xi = \varphi(c^*x_t, t)$ ein:

$$\frac{1}{\lambda^2}\,[Ax_t + b\varphi(c^*x_t, t) - (j_0+\gamma)\,r]^*\,H[Ax_t + b\varphi(c^*x_t, t) - (j_0+\gamma)\,r] - [x_t - (j_0+\gamma)\,r]^*\,H[x_t - (j_0+\gamma)\,r] +$$

$$+ [\mu c^*(x_t - (j_0+\gamma)\,r) - \varphi(c^*x_t, t)]\,c^*(x_t - (j_0+\gamma)\,r) \leqq -\varepsilon_1\,\|x_t - (j_0+\gamma)\,r\|^2 \quad \text{für alle} \quad t \geqq 0\,. \tag{4.6}$$

Indem (4.6) mit λ^2 multipliziert wird, erhält man

$$\Delta V_{j_0+\gamma}(x_t) + (1-\lambda^2)\,V_{j_0+\gamma}(x_t) \leqq$$

$$\leqq -\varepsilon_1\lambda^2\,\|x_t - (j_0+\gamma)\,r\|^2 - \lambda^2[\mu c^*(x_t - (j_0+\gamma)\,r) - \varphi(c^*x_t, t)]\cdot c^*(x_t - (j_0+\gamma)\,r) \quad \text{für alle} \quad t \geqq 0\,, \tag{4.7}$$

womit mit $\Delta V_{j_0+\gamma}(x_t) \stackrel{\text{def}}{=} V_{j_0+\gamma}(x_{t+1}) - V_{j_0+\gamma}(x_t)$ die sogenannte erste Differenz aufgrund von System (2.1) bezeichnet wird.

4.3. Invarianz der Menge $\Gamma_{j_0,\gamma}$

Wir werden zeigen, daß für jede Lösung $\{x_t\}$ und einen beliebigen Zeitpunkt $t_0 \geqq 0$ aus $x_{t_0} \in \Gamma_{j_0,\gamma}$ folgt: $x_t \in \Gamma_{j_0,\gamma}$ für alle $t \geqq t_0$. Wir nehmen dazu an, dies wäre nicht so, d. h., wir nehmen an, es gibt eine Lösung $\{x_t\}$ und Zeitpunkte $t_0 < t_1$ mit

$$x_t \in \Gamma_{j_0,\gamma}\,, \qquad t_0 \leqq t \leqq t_1 \quad \text{und} \quad x_{t_1+1} \notin \Gamma_{j_0,\gamma}\,. \tag{4.8}$$

Aus $x_{t_1} \in \Omega_{j_0+\gamma}$ folgt wegen (4.7) unter Benutzung von

$$[\mu c^*(x_{t_1} - (j_0+\gamma)\,r) - \varphi(c^*x_{t_1}, t_1)]\,c^*(x_{t_1} - (j_0+\gamma)\,r) \geqq 0$$

die Beziehung $x_{t_1+1} \in \Omega_{j_0+\gamma}$. Da außerdem (4.5) gilt, ist (4.8) nur möglich durch

$$j_0\Delta \leqq c^*x_{t_1+1} < (j_0+\gamma)\,\Delta\,. \tag{4.9}$$

Um zu zeigen, daß (4.9) nicht realisierbar ist, definieren wir eine Hilfsfunktion. Dazu bezeichnen wir zunächst $z_1 = x_{t_1}$, $\sigma_1 = c^*z_1$ und $\xi_1 = \varphi(\sigma_1, t_1)$ und betrachten in $\Gamma_{j_0,\gamma}$ einen solchen Punkt $z_2 = (j_0+\gamma')\,r$, so daß $\gamma < \gamma' < \delta_0/\Delta$ und $(j_0+\gamma')\,\Delta \neq c^*z_1$ ist. Außerdem führen wir die Bezeichnungen $\sigma_2 = c^*z_2$ und $\xi_2 = \varphi(\sigma_2, t_1)$ ein und nehmen an, daß $j_0\Delta < \sigma_1 < \sigma_2 < (j_0+1)\,\Delta$ ist. Wir definieren die folgende Funktion $\tilde{\varphi}$: $\mathbb{R}^1 \to \mathbb{R}^1$:

$$\tilde{\varphi}(\sigma) = \begin{cases} \dfrac{\xi_1}{\sigma_1 - j_0\Delta}\,(\sigma - j_0\Delta)\,, & \sigma \in [j_0\Delta, \sigma_1]\,, \\[2ex] \dfrac{\xi_2 - \xi_1}{\sigma_2 - \sigma_1}\,(\sigma - \sigma_1) + \xi_1\,, & \sigma \in (\sigma_1, \sigma_2)\,, \\[2ex] -\dfrac{\xi_2}{(j_0+1)\,\Delta - \sigma_2}\,(\sigma - \sigma_2) + \xi_2\,, & \sigma \in [\sigma_2, (j_0+1)\,\Delta]\,, \end{cases}$$

$$\tilde{\varphi}(\sigma + \Delta) = \tilde{\varphi}(\sigma) \quad \text{für alle} \quad \sigma \in \mathbb{R}^1\,.$$

Es ist leicht zu sehen, daß $\tilde{\varphi}$ stetig ist und den Bedingungen (2.2), (2.3) und (2.6) genügt.

Mit der Funktion $\tilde{\varphi}$ führen wir schließlich die stetige Funktion f: $[0, 1] \to \mathbb{R}^1$ mit

$$f(s) = c^*[A(sz_1 + (1-s)\,z_2) + b\tilde{\varphi}(s\sigma_1 + (1-s)\,\sigma_2)] - (j_0+\gamma)\,\Delta$$

ein. Mit ihr erhält man die Beziehungen

$$f(0) = c^*Az_1 + c^*b\tilde{\varphi}(\sigma_2) - (j_0+\gamma)\,\Delta = (j_0+\gamma')\,\Delta + c^*b\varphi(\sigma_2, t_1) - (j_0+\gamma)\,\Delta > (\gamma' - \gamma)\,\Delta > 0$$

und

$$f(1) = c^*x_{t_1+1} - (j_0+\gamma)\,\Delta < 0\,.$$

Der Mittelwertsatz für $f(\cdot) \in C$ garantiert

$$\exists \bar{s} \in (0,1): f(\bar{s}) = 0\,. \tag{4.10}$$

Da, wie oben festgestellt, die Menge $\Gamma_{j_0,\gamma}$ konvex ist, gilt die Inklusion

$$\forall s \in [0, 1]: \quad z(s) \stackrel{\text{def}}{=} sz_1 + (1-s)\,z_2 \in \Gamma_{j_0,\gamma}\,. \tag{4.11}$$

Damit ist insbesondere $V_{j_0+\gamma}(z(s)) \leqq 0$ und $c^*z(s) \geqq (j_0+\gamma)\,\Delta$ für alle $s \in [0, 1]$. Wegen (2.2) ist somit

$$[\mu c^*(z(s) - (j_0+\gamma)\,r) - \tilde{\varphi}(c^*z(s))]\,c^*[z(s) - (j_0+\gamma)\,r] \geqq 0 \quad \text{für alle} \quad s \in [0, 1]\,.$$

Also erhält man aus (4.6) die Ungleichung

$$V_{j_0+\gamma}(Az(s) + b\tilde{\varphi}(c^*z(s))) - V_{j_0+\gamma}(z(s)) \leqq 0\,,$$

woraus

$$Az(s) + b\tilde{\varphi}(c^*z(s)) \in \Omega_{j_0+\gamma} \quad \text{für alle} \quad s \in [0, 1]$$

resultiert. Aus letzterem und aus (4.10) folgt unter Benutzung von (4.2), daß

$$Az(\bar{s}) + b\tilde{\varphi}(c^*z(\bar{s})) = (j_0+\gamma)\,r \tag{4.12}$$

ist. Weiter gilt

$$z(\bar{s}) \neq (j_0+\gamma)\,r\,. \tag{4.13}$$

Wäre nämlich $\bar{s}z_1 + (1 - \bar{s}) z_2 = (j_0 + \gamma) r$, so implizierte dies die skalare Gleichung $\bar{s}\sigma_1 + (1 - \bar{s}) \sigma_2 = (j_0 + \gamma) \Delta$. Laut Konstruktion ist jedoch

$$\bar{s}\sigma_1 + (1 - \bar{s}) \sigma_2 > \bar{s}\sigma_1 + (1 - \bar{s}) \sigma_1 = \sigma_1 \geqq (j_0 + \gamma) \Delta .$$

Aus (4.11), (4.7) und (4.13) folgt jetzt, daß

$$V_{j_0+\gamma}(Az(\bar{s}) + b\tilde{\varphi}(c^*z(\bar{s})) \leqq \lambda^2 V_{j_0+\gamma}(z(\bar{s}))) - \varepsilon_1 \lambda^2 \|z(\bar{s}) - (j_0 + \gamma) r\|^2 < 0$$

und damit

$$V_{j_0+\gamma}(Az(\bar{s}) + b\tilde{\varphi}(c^*z(\bar{s}))) < 0$$

ist, was (4.12) widerspricht. Der erhaltene Widerspruch beweist die Invarianz der Menge $\Gamma_{j_0,\gamma}$ für alle $\gamma \in (0, \gamma_0]$ für $\{x_t\}$ von (2.1).

4.4. Jede Lösung $\{x_t\}$ von (2.1) mit der Eigenschaft (4.3) gelangt in Γ_{j_0,γ_0}

Es werde dazu angenommen, daß es eine solche Lösung $\{x_t\}$ von (2.1) gibt, die (4.3) genügt und für die

$$\forall t \geqq t_0: \quad x_t \in \Gamma_{j_0} \setminus \Gamma_{j_0,\gamma_0} \tag{4.14}$$

ist. Dann existiert unter Benutzung der schon bewiesenen Invarianz ein $\varrho_0 \in (0, \gamma_0]$, so daß (4.15) und (4.16) gelten:

$$\forall t \geqq t_0: \quad x_t \notin \Gamma_{j_0,\varrho_0} \tag{4.15}$$

und

$$\forall \varepsilon \in (0, \varrho_0) \; \exists t_\varepsilon \in \mathbb{N}: \quad t \geqq t_\varepsilon \Rightarrow x_t \in \Gamma_{j_0,\varrho_0-\varepsilon} . \tag{4.16}$$

Als nächstes zeigen wir, daß für die betrachtete Lösung $\{x_t\}$ keine Unterfolge $\{t_i\}$ mit $t_i \underset{i\to\infty}{\to} \infty$ existiert, für die $x_{t_i} \underset{i\to\infty}{\to} (j_0 + \varrho_0) r$ gilt.

Wir nehmen an, daß dies nicht so ist. Aufgrund der Voraussetzung 2a) ist $\varphi_1[(j_0 + \varrho_0) \Delta] < 0$. Wegen der Stetigkeit von φ_1 und der Bedingung 2a) gilt:

$$\exists \bar{\delta} > 0: \quad \|x - (j_0 + \varrho_0) r\| < \bar{\delta}, \qquad t \geqq 0 \Rightarrow \varphi(c^*x, t) \leqq \varphi_1(c^*x) \leqq \tfrac{1}{2} \varphi_1[(j_0 + \varrho_0) \Delta].$$

Wir wählen für eine hinreichend kleine Zahl $\varepsilon > 0$ ein solches i_ε, daß

$$\forall i \geqq i_\varepsilon: \quad \|Ax_{t_i} - (j_0 + \varrho_0) r\| < \varepsilon \;\wedge\; \|x_{t_i} - (j_0 + \varrho_0) r\| < \bar{\delta}$$

erfüllt ist. Aus (4.1) ergibt sich $b^*Hb \leqq 0$. Deshalb und wegen $c^*b < 0$ gilt

$$\forall \alpha > 0: \quad (j_0 + \varrho_0) r + \alpha b \in \overset{0}{\Gamma}_{j_0,\varrho_0} \overset{\text{def}}{=} \{x \mid V_{j_0+\varrho_0}(x) < 0\} \cap \{x \mid c^*x > (j_0 + \varrho_0) \Delta\} .$$

Dann ist aber für hinreichend kleines $\varepsilon > 0$ auch $x_{t_i+1} \in \overset{0}{\Gamma}_{j_0,\varrho_0}$ für alle $i \geqq i_\varepsilon$. Aus letzterem folgt jedoch wegen (4.16) $x_t \in \Gamma_{j_0,\varrho_0}$ für alle $t \geqq t_{i_\varepsilon} + 1$, was einen Widerspruch zu (4.15) darstellt.

Es läßt sich resümieren, daß unter Berücksichtigung von (4.16) ein $\bar{\delta} > 0$ existiert, so daß für beliebiges, hinreichend kleines $\varepsilon > 0$ gilt:

$$\exists \delta_\varepsilon > 0 \; \exists t_\varepsilon > 0: \quad t \geqq t_\varepsilon \Rightarrow -\varepsilon < V_{j_0+\varrho_0-\delta_\varepsilon}(x_t) < 0 \wedge \|x_t - (j_0 + \varrho_0 - \delta_\varepsilon) r\| \geqq \bar{\delta} \wedge c^*x_t \geqq c^*(j_0 + \varrho_0 - \delta_\varepsilon) \Delta . \tag{4.17}$$

Mit der letzten Ungleichung aus (4.17) und (2.2) ergibt sich

$$\forall t \geqq t_\varepsilon: [\mu c^*(x_t - (j_0 + \varrho_0 - \delta_\varepsilon) r) - \varphi(c^*x_t, t)] \, c^*(x_t - (j_0 + \varrho_0 - \delta_\varepsilon) r) \geqq 0 . \tag{4.18}$$

Aus (4.6), (4.17) und (4.18) folgt

$$\forall t \geqq t_\varepsilon: \frac{1}{\lambda^2} V_{j_0+\varrho_0-\delta_\varepsilon}(x_t) \leqq V_{j_0+\varrho_0-\delta_\varepsilon}(x_t) - \varepsilon_1 \|x_t - (j_0 + \varrho_0 - \delta_\varepsilon) r\|^2 \leqq V_{j_0+\varrho_0-\delta_\varepsilon}(x_t) - \varepsilon_1 \bar{\delta}^2 \leqq -\varepsilon_1 \bar{\delta}^2$$

und damit $V_{j_0+\varrho_0-\delta_\varepsilon}(x_t) \leqq -\lambda^2 \varepsilon_1 \bar{\delta}^2$.

Es ist offensichtlich, daß die letzte Ungleichung und die erste Ungleichung von (4.17) einander widersprechen, wenn $\varepsilon > 0$ hinreichend klein gewählt wird. Damit wurde gezeigt, daß für jede Lösung $\{x_t\}$ von (2.1), für die (4.3) und (4.4) erfüllt sind, auch (4.5) gilt. Analog läßt sich zeigen, daß für jede Lösung $\{x_t\}$, die (4.3) und (4.4) (mit $j_0 + 1$ anstelle von j_0) genügt, auch bei beliebigem $\gamma \in (0, \delta_1/\Delta)$ gilt:

$$\exists t_0 \in \mathbb{N}: \quad t \geqq t_0 \Rightarrow x_t \in \Omega_{j_0} \cap \Omega_{j_0+1-\gamma} \cap \{x \mid j_0\Delta \leqq c^*x \leqq (j_0 + 1 - \gamma) \Delta\} .$$

Mit der letzten Bemerkung ist dann der Beweis beendet.

Literatur

1 Бакаев, Ю. А., Синхронизирующие свойства фазовой системы автоматической подстройки частоты третьего порядка, Радиотехника и электроника **10** (1965) № 6, 1083—1087.
2 Белых, В. Н.; Максаков, В. П., Динамика простейшей дискретной системы фазовой синхронизации, Радиотехника **21** (1976) № 10, 2155—2163.
3 Börner, H., Phasenkopplungssysteme in der Nachrichten-, Meß- und Regelungstechnik, VEB Verlag der Technik, Berlin 1976.
4 Гелиг, А. Х.; Леонов, Г. А.; Якубович, В. А., Устойчивость нелинейных систем с неединственным состоянием равновесия, Изд-во ,,Наука", Москва 1978.
5 Григорьев, В. В. и др., Импульсные системы фазовой автоподстройки частоты, ,,Энергоатомиздат", Ленинград 1982.
6 Корякин, Ю. А.; Леонов, Г. А., Определение полосы захвата в системах импульсно-фазовой автоподстройки частоты, Радиотехника **32** (1977) № 6, 65—72.
7 Корякин, Ю. А.; Леонов, Г. А.; Лисс, А. Р., Частотный критерий устойчивости дискретных систем автоматического управления фазой колебаний генератора, Автомат. телемех. (1978) № 12, 64—69.
8 Koryakin, Yu. A.; Leonov, G. A.; Reitmann, V., Konvergenz im Mittel von Phasensystemen, ZAMM **58** (1978), 435—441.
9 Леонов, Г. А., Об устойчивости фазовых систем, Сибир. мат. журн. **15** (1974) № 1, 49—60.
10 Leonov, G. A.; Tschschijowa, T. L.; Reitmann, V., Eine Frequenzvariante der Vergleichsmethode von Belych-Nekorkin in der Theorie der Phasensynchronisation, Wiss. Z. Techn. Univ. Dresden 32 (1983) H. 1, 51—59.
11 Lindsey, W. C., Synchronization Systems in Communication and Control, Prentic-Hall, Inc., Englewood Cliffs, New Jersey 1972.
12 Peters, H., Change of structure and chaos for solutions of $\dot{x}(t) = -f(x(t-1))$, in "Numerical Solution of Nonlinear Equations", Springer Lecture Notes in Math. 878, 1981, pp. 326—350.

13 REITMANN, V., Über Instabilität im ganzen von nichtlinearen diskreten Systemen, ZAMM 59 (1979), 652–655.
14 REITMANN, V., Über die Beschränktheit der Lösungen diskreter nichtstationärer Phasensysteme, Z. Analysis Anw. 1 (1982) H. 1, 83–93.
15 Шахгильдян, В. В.; Ляховкин, А. А., Системы фазовой автоподстройки частоты, Из-во ,,Связь", Москва 1972.
16 Шахтарин, Б. И., Об устойчивости движений нелинейной дискретной системы первого порядка, Радиотехника и электроника **22** (1977) № 11, 2418—2420.
17 Шепелявый, А. И., Абсолютная неустойчивость нелинейных амплитудно-импульсных систем управления. Частотные критерии, Автомат. телемех. **6** (1972), 49—56.
18 Шахгильдян, В. В. (ред.): Системы фазовой автоподстройки частоты с элементами дискретизации, Из-во ,,Связь", Москва 1979.
19 Шахгильдян, В. В.; Белюстина, Л. Н. (ред.): Системы фазовой синхронизации, Из-во ,,Радио и связь", Москва 1982.
20 STETTER, H. J., Analysis of Discretization Methods for Ordinary Differential Equations, Springer-Verlag Berlin (West)-Heidelberg-New York 1973.
21 VITERBI, A. J., Principles of Coherent Communication, McGraw-Hill, N.Y. 1966.
22 Якубович, В. А., Частотная теорема в теории управления, Сибир. мат. журн. **14** (1973) № 2, 1110—1129.
23 LEONOV, G. A.; REITMANN, V., Attraktoren in kontinuierlichen Systemen mit periodischer Nichtlinearität und Anwendungen auf ein gyroskopisches System der Winkelstabilisierung kosmischer Flugapparate (in Vorbereitung).

Eingegangen am 8. August 1983

Anschriften: Dr. rer. nat. VOLKER REITMANN, TU Dresden, Sektion Mathematik, Mommsenstraße 13, DDR-8027 Dresden; Doz. Dr. sc. nat. G. A. LEONOW, Leningrader Staatliche Universität, Mathematisch-mechanische Fakultät, CCCP - 190000 Ленинград, Университетская наб. д. 7/9

BOOK REVIEWS

DeWitt, B., Supermanifolds. Cambridge et al., Cambridge University Press 1984. XIV, 316 S., £ 35.00 B H/c. $ 59.50 ISBN 0-521-25850-2 (Cambridge Monographs on Mathematical Physics)

Antikommutierende Größen, Superzahlen und eine mit diesen operierende Analysis sind aus dem mathematischen Rüstzeug der modernen theoretischen Physik nicht mehr wegzudenken. Quantenfeldtheorie und Quantenstatistik benutzen als unentbehrliches Hilfsmittel das Funktional- oder kontinuierliche Integral; im Falle fermionischer Systeme ist dafür schon 1965 die Integration über antikommutierende Superzahlen von Berezin eingeführt worden. Allein dieser Umstand würde den systematischen Ausbau einer Analysis der Superzahlen rechtfertigen. Zusätzliche Motivation ergab sich aus dem im letzten Jahrzehnt zu beobachtenden Aufschwung der Vorstellungen von der Supersymmetrie in der Elementarteilchentheorie. Supersymmetrische, d. h. Boson-Fermion symmetrische Quantenfeldtheorien einschließlich der Supergravitation arbeiten mit Superfeldern, die in einem Superraum definiert sind, so daß sich die Diskussion von Supermannigfaltigkeiten als natürliche Verallgemeiner unganbietet. Ebenso ist die Theorie der Super-Lie-Algebren erforderlich, um überhaupt Supersymmetrie in mathematisch korrekten Begriffen formulieren zu können. Im 1. Kapitel werden Superzahlen als Elemente einer unendlichen Grassmann-Algebra über C eingeführt, für welche mit Differentiation und Integration die wesentlichen Elemente einer Analysis definiert werden. Hier finden sich ebenfalls die Theorie von Supervektorräumen und die notwendigen Verallgemeinerungen der linearen Algebra (Superspur und Superdeterminante). Das 2. Kapitel gibt eine systematische Darstellung der Theorie der Supermannigfaltigkeiten. Abgesehen von topologischen Fragestellungen folgt diese weitgehend der bekannten Theorie differenzierbarer, affin zusammenhängender oder metrischer Mannigfaltigkeiten. In den folgenden zwei Kapiteln werden sowohl die allgemeine Theorie der Super-Lie-Gruppen und Super-Lie-Algebren als auch eine Reihe spezieller Super-Lie-Gruppen vorgestellt, wobei letztere entweder Verallgemeinerungen klassischer Lie-Gruppen oder, wie etwa die Super-Poincaré-Gruppe, von besonderer Bedeutung für die Elementarteilchentheorie sind. Im letzten Kapitel wird als Beispiel für die physikalischen Anwendungen die Theorie fermionischer Systeme mit Variationsprinzip, Super-Hilbertraum und Funktionalintegral abgehandelt. Die supersymmetrischen Feldtheorien bleiben hier ausgespart.

Die Monographie wendet sich vorwiegend an theoretische Physiker, und es war das erklärte Ziel des Verfassers, sich einer auch dem Nichtmathematiker verständlichen Sprache zu bedienen. Der pädagogischen Zielstellung entsprechend ist jedem Kapitel eine Anzahl von Aufgaben zugeordnet; der gegenwärtige Stand der mathematischen Forschung wird gesondert kommentiert. Eine sehr empfehlenswerte Darstellung der höheren Superanalysis, der zur Zeit nichts Gleichrangiges an die Seite gestellt werden kann.

Berlin E. Wieczorek

Vincze, I., Mathematische Statistik mit industriellen Anwendungen, Band 1 & 2. Budapest, Akadémiai Kiadó 1984. 502 S., Ft 250,–. ISBN 963 05 3351 0 (Band 1–2)

Das ansprechend und klar geschriebene Buch liegt jetzt in der 2. erweiterten deutschen Auflage vor. Es wendet sich an Anwender statistischer Methoden in der industriellen Praxis. Dabei wird der Leser einerseits mit den Grundprinzipien der statistischen Denkweise bekannt gemacht, zum anderen findet er die wichtigsten statistischen Methoden zusammengestellt, die er zur Lösung seiner Probleme benötigt. Das Buch gliedert sich in zwei Bände. Der erste Band bringt zunächst einen Abriß der wahrscheinlichkeitstheoretischen Grundlagen der statistischen Methoden einschließlich der wichtigsten theoretischen Verteilungen. Danach werden Verfahren der Stichprobenentnahme und Probleme der Stichprobenverteilungen behandelt. Anschließend wird ausführlich auf die Theorie der statistischen Schätzungen und des Prüfens statistischer Hypothesen eingegangen. Hier werden auch die meist benutzten speziellen Schätz- und Testverfahren beschrieben, wobei auch nichtparametrische Verfahren berücksichtigt werden. Ferner wird ein Ausblick auf die Robustheit der Verfahren, auf sequentielle Verfahren und auf die Einordnung der Verfahren in die allgemeine Theorie der statistischen Entscheidungsfunktionen gegeben.

Der zweite Band enthält statistische Analyseverfahren. Er beginnt mit der Varianz- und Kovarianzanalyse bis zur dreifachen Klassifikation, wobei auch die Standard-Versuchsanlagen, wie vollständige und unvollständige Blockanlagen und das lateinische Quadrat, berücksichtigt werden. Es folgt die Korrelations- und Regressionsanalyse mit einem Hinweis auf optimale Versuchsplanung. Schließlich werden die Methoden der statistischen Qualitätskontrolle behandelt. Hier wird auf die Kontrollkartentechnik zur laufenden Prozeßkontrolle und auf Stichprobenpläne zur Abnahmeprüfung eingegangen.

Die behandelten Verfahren werden an zahlreichen Beispielen aus der industriellen Praxis demonstiert. Ein Tafelanhang enthält Tabellen der wichtigsten Verteilungen und Signifikanzpunkte.

Mit diesem Buch ist dem Anwender statistischer Methoden ein sehr nützliches Hilfsmittel zur Orientierung über das Gebiet und zur praktischen Arbeit mit diesen Methoden in die Hand gegeben.

Berlin H. Thiele

Osaki, S. / Hatoyama, Y. (eds.), Stochastic Models in Reliability Theory. Proceedings, Nagoya, Japan 1984 Berlin-Heidelberg-New York-Tokyo, Springer-Verlag 1984. VII, 212 S., DM 37,–. ISBN 3-540-13888-9 (Lecture Notes in Economics and Mathematical Systems 235)

The book contains contributions to the Symposium on "Stochastic Models in Reliability Theory" held in Nagoya, Japan 1984. The main fields covered are:

1. Binary and multistate coherent systems
2. Maintenance theory (replacement-, inspection-, and Markovian deterioration models)
3. Software reliability
4. Reliability of redundant systems.

M. Miyakawa generalizes the existing concepts of coherent systems by taking into account several failure modes. The multistate coherent system considered by F. Ohi and T. Nishida differs from the cited ones essentially by assuming different state spaces of systems and their components. S. Yamada and M. Ohbe contribute with their papers to the mathematical treatment of software reliability problems. The papers of M. Ohashi, H. Mine, H. Kawai et al. give a representative survey on substantial contributions of Japanese specialists to the theory of Markovian decision theory. K. Nakashima and K. Yamato introduce the concept of "dangerous errors" and "safe errors" with respect to a train speed control system. They do not refer to K. Fischer, who has introduced this concept in reliability theory about ten years ago (see his book "Zuverlässigkeits- und Instandhaltungstheorie", transpress VEB Verlag für Verkehrswesen, Berlin 1984). A rather incomplete survey on inspection models is given by N. Kaio and S. Osaki. T. Nakagawa gives a survey on discrete replacement models. S. Osaki and M. Nakamura present an interesting and effective approach for predicting the reliability of fault-tolerant systems. Other papers deal with rather special subjects.

A general shortcoming of the book is that results published in journals of socialist countries are not used or not cited. Hence a good deal of the results presented are already known and some survey papers are rather incomplete. Nevertheless, most of the papers contain substantial contributions to the mathematical theory of reliability as well as many hints for further analytical research. Thus the book can be particularly recommended to reliability theoreticians.

Mittweida F. Beichelt

SHORT COMMUNICATIONS

ZAMM · Z. angew. Math. Mech. 66 (1986) 2, 113 – 114

BERG, L.

Verbindungsregeln für orthogonale Projektoren

Ein *Projektor* ist bekanntlich ein linearer Operator P über einem linearen Raum mit der Eigenschaft $P^2 = P$. Sein *Nullraum* wird mit $\ker P$ bezeichnet. Nach A. FELGENHAUER [3] heißt ein Projektor P_0 *zusammengesetzter Projektor* der Projektoren P und Q, falls

$$\ker P_0 = \ker P \cap \ker Q$$

gilt. Eine Folgerung hieraus sind die Beziehungen

$$PP_0 = P\,, \qquad QP_0 = Q\,. \tag{1}$$

In der zitierten Arbeit beweist A. FELGENHAUER die folgenden beiden Sätze, durch die Ergebnisse aus [1] wesentlich verallgemeinert werden.

Satz 1: *Für zwei lineare Operatoren U, V ist*

$$P_0 = UP + VQ \tag{2}$$

genau dann zusammengesetzter Projektor von P und Q, falls

$$P = PUP + PVQ\,, \qquad Q = QUP + QVQ\,. \tag{3}$$

Satz 2: *Ist $f(z)$ ein Polynom mit $\lambda^{-1} = f(1) \neq 0$ und gilt*

$$Qf(PQ)\,(I - P) = 0 \quad \text{bzw.} \quad f(PQ)\,(I - P) = 0\,, \tag{4a), (4b}$$

so ist im Fall (4a)

$$P_0 = P + (I - P)\,Qg(PQ)\,(I - P) \tag{5a}$$

und im Fall (4b)

$$P_0 = I - (I - Q)\,g(PQ)\,(I - P) \tag{5b}$$

mit

$$g(z) = \frac{1 - \lambda f(z)}{1 - z} \tag{6}$$

zusammengesetzter Projektor von P und Q.

Die Gleichungen (3) und (4) heißen *Verbindungsregeln*. Sie spielen bekanntlich bei der asymptotischen Lösung gewöhnlicher Differentialgleichungen eine wesentliche Rolle. Die vorliegende Arbeit befaßt sich mit dem *Existenznachweis* von Verbindungsregeln.

1. Verallgemeinerte Inverse

Die Gleichungen (3) gestatten eine einfache Deutung, wenn wir die Vektoren

$$R = \begin{pmatrix} P \\ Q \end{pmatrix}, \qquad W = (U \quad V) \tag{7}$$

einführen. Diese Gleichungen lassen sich dann nämlich als Vektorgleichung

$$R = RWR$$

schreiben, woraus ersichtlich ist, daß W eine *innere Inverse* von R ist. Damit ist die *Existenz der Verbindungsregeln* (3) *für alle Projektoren P, Q nachgewiesen, für die der Operator R eine innere Inverse besitzt* (vgl. C. W. GROETSCH [4]). Insbesondere ist die Existenz stets für Matrizen endlicher Ordnung gesichert (vgl. F. KUHNERT [5]). Mit den Bezeichnungen (7) lautet der Projektor (2) einfach $P_0 = WR$.

2. Hermitesche Matrizen

Wir kommen jetzt zum Existenznachweis für die Verbindungsregeln (4). Ist PQ ein *algebraischer Operator*, d. h., gibt es ein Polynom $f(z)$ mit $f(PQ) = 0$, so ist jede der Gleichungen (4) trivialerweise erfüllt. Speziell für Matrizen PQ endlicher Ordnung kann man für $f(z)$ stets das Minimalpolynom wählen oder auch das charakteristische Polynom. Die Bedingung $f(1) \neq 0$ ist genau dann erfüllt, wenn 1 kein Eigenwert der Matrix PQ ist.

Im entgegengesetzten Fall beschränken wir uns auf *orthogonale Projektoren P, Q*, d. h. auf Projektoren, die gleichzeitig hermitesche Matrizen sind:

$$P^* = P\,, \qquad Q^* = Q\,. \tag{8}$$

Die Ordnung dieser Matrizen sei n. Weiterhin möge P den Rang s und Q den Rang t besitzen mit $1 \leqq s, t < n$, so daß wir die trivialen Fälle der Null- und der Einheitsmatrix ausschließen. Dann gibt es Zerlegungen

$$P = S^*S\,, \qquad Q = T^*T\,, \tag{9}$$

wobei S eine $s \times n$- und T eine $t \times n$-Matrix ist mit $SS^* = I_s$, $TT^* = I_t$. Der Index beim Einheitsoperator zeigt seine Dimension an. Die $t \times t$-Matrix

$$M = TPT^* \tag{10}$$

ist ebenfalls hermitesch und besitzt daher ein Minimalpolynom $h(z)$ mit nur einfachen Nullstellen. Wegen $M = T(PT^*)$ und $PQ = (PT^*)\,T$ besitzen M und PQ dieselben von Null verschiedenen Eigenwerte. Damit M eine möglichst kleine Ordnung hat, ist es zweckmäßig, P und Q so auszuwählen, daß $t \leqq s$ ist.

Satz 3: *Unter der Voraussetzung*

$$h(1) = 0\,, \qquad h(0) \neq 0 \tag{11a}$$

ist die Verbindungsregel (4a) *und unter der Voraussetzung*

$$h(1) = 0\,, \qquad h(0) = 0 \tag{11b}$$

die Verbindungsregel (4b) *erfüllt. In beiden Fällen gilt dabei*

$$f(z) = \frac{h(z)}{1 - z}\,. \tag{12}$$

Die Verbindungsregel (4b) *ist auch unter der Voraussetzung $h(1) \neq 0$, $h(0) = 0$ mit $f(z) = h(z)$ erfüllt.*

Beweis: Wegen $h(M) = 0$ und (12) gilt $f(M)(I_t - M) = 0$ mit $f(1) \neq 0$. Wegen (9) und (10) gilt $T^*M^kT = Q(PQ)^k$ und somit

$$Qf(PQ)\,(I_n - PQ) = 0\,. \tag{13}$$

Diese Gleichung zeigt, daß die zu von Null verschiedenen Eigenwerten von PQ gehörenden Jordankästchen alle einfach sind. Es sei X die Transformationsmatrix bei der Überführung von PQ in die Jordansche Normalform J, so daß $XPQ = JX$ gilt. Dann geht die Gleichung (13) nach Multiplikation von rechts mit X^{-1} in

$$Qf(PQ)\,X^{-1}(I_n - J) = 0 \tag{14}$$

über. Um eine einfache Sprechweise zu haben, nennen wir diejenigen Zeilen und Spalten einer $n \times n$-Matrix *kritisch*, in denen die Matrix J eine Eins als Diagonalelement besitzt. Dann besagt die Gleichung (14), daß höchstens in den kritischen Spalten von $Qf(PQ)\,X^{-1}$ von Null verschiedene Elemente stehen. Hieraus folgt, daß die Gleichung (14) erhalten bleibt, wenn wir dort $I_n - J$ durch eine beliebige andere $n \times n$-Matrix ersetzen, die in den kritischen Zeilen nur Nullen enthält. Wir zeigen jetzt, daß $I_n - XPX^{-1}$ eine solche Matrix ist.

In allen kritischen Zeilen von X steht ein (linksseitiger) Eigenvektor x von PQ zum Eigenwert 1, so daß $xPQ = x$ gilt. Wegen $Q^2 = Q$ folgt hieraus $xQ = x$ und weiterhin $xP = x + y$ mit $yQ = 0$ und wegen $P^2 = P$ auch $yP = 0$. Durch Multiplikation von $xP = xQ + y$ mit y^* ergibt sich $yy^* = 0$ und damit $y = 0$, so daß jeder Eigenvektor x von PQ zum Eigenwert 1 zugleich Eigenvektor von P sowie von Q ist. Folglich bestehen die kritischen Zeilen von $I_n - XPX^{-1}$ tatsächlich nur aus Nullzeilen.

Ersetzen wir jetzt $I_n - J$ in (14) durch $I_n - XPX^{-1}$, so erhalten wir nach Multiplikation von rechts mit X die Verbindungsregel (4a).

Unter der Voraussetzung (11b) läßt sich (4a) in der Form $QPQY = 0$ schreiben. Setzen wir $QY = Y_1$, $PY_1 = Y_2$, so gilt $QY_2 = 0$ sowie $PY_2 = Y_2$. Damit finden wir $Y_2^*Y_2 = Y_2^*PY_1 = Y_2^*Y_1 = Y_2^*QY = 0$, so daß $PQY = 0$ ist. Dies ist aber die Verbindungsregel (4b).

Die letzte Überlegung zeigt unter Beachtung von

$$O = T^*h(M)\,T = Qh(PQ) = Qh(PQ)\,(I - P)$$

auch die Richtigkeit der letzten Aussage von Satz 3.

3. Ein Beispiel

Wählen wir

$$P = \begin{pmatrix} 1 & 0 \\ 0 & 1 \\ 0 & 0 \end{pmatrix} \begin{pmatrix} 1 & 0 & 0 \\ 0 & 1 & 0 \end{pmatrix}, \qquad Q = \begin{pmatrix} c & 0 \\ 0 & 1 \\ s & 0 \end{pmatrix} \begin{pmatrix} c & 0 & s \\ 0 & 1 & 0 \end{pmatrix}$$

mit reellen c, s, $c^2 + s^2 = 1$ und damit $n = 3$, $s = t = 2$, so wird

$$M = \begin{pmatrix} c & 0 \\ 0 & 1 \end{pmatrix}^2 = \begin{pmatrix} c^2 & 0 \\ 0 & 1 \end{pmatrix}.$$

Im Fall $c^2 \neq 1$ ist $f(z) = c^2 - z$, die Verbindungsregel (4a) lautet daher

$$Q(c^2 I_3 - PQ)(I_3 - P) = 0$$

und der Projektor (5a) wegen $g(z) = s^{-2}$

$$I_3 = P + s^{-2}(I_3 - P) Q(I_3 - P).$$

Im Fall $c = 0$ lautet die Verbindungsregel (4b)

$$PQP = PQ, \tag{15}$$

und (5b) liefert wegen $s^2 = 1$ die Zerlegung der Einheit

$$I_3 = P + Q - QP.$$

In diesem Fall kann die Verbindungsregel (15) noch vereinfacht werden, da bereits $QP = PQ$ eine Verbindungsregel ist.

4. Eine Anwendung

Verbindungsregeln werden bei der Auflösung simultaner Gleichungen

$$Py = p, \quad Qy = q \tag{16}$$

nach y benötigt (vgl. [2]). Hat man eine Verbindungsregel der Form

$$YP = ZQ, \tag{17}$$

so ist offenbar für die Lösbarkeit des Systems (16) die Bedingung

$$Yp = Zq$$

notwendig. Die Verbindungsregel (17) heißt *trivial* und kann dann auch weggelassen werden, wenn $YP = ZQ = 0$ ist, da sie dann keine Einschränkung für die Lösbarkeit von (16) bewirkt. Ist die Gleichung (17) (oder sind mehrere Gleichungen dieses Typs) für die Lösbarkeit von (16) auch hinreichend und kennt man einen zusammengesetzten Projektor der Form (2), so erhält man

$$P_0 y = Up + Vq$$

und hieraus die allgemeine Lösung y von (16), indem man zu $P_0 y$ ein beliebiges Element aus ker P_0 addiert.

Der zusammengesetzte Projektor (5a) ist vom Typ (2), der Projektor (5b) aber nur dann, falls $g(0) = 1$ ist und damit $f(0) = 0$. Dies ist jedoch bei Verwendung von (4b) unter den Voraussetzungen von Satz 3 stets der Fall.

Bemerkt sei noch, daß in Satz 1 im allgemeinen zwei Verbindungsregeln auftreten, während man in Satz 2 stets mit einer Verbindungsregel auskommt. Stellt man für die Projektoren (5) die Verbindungsregeln (3) auf, wobei im Fall (5b) die Bedingung $g(0) = 1$ zu beachten ist, so geht bei (5a) die erste der Gleichungen (3) in die triviale Verbindungsregel $P^2 = P$ und bei (5b) die zweite der Gleichungen (3) in die triviale Verbindungsregel $Q^2 = Q$ über, während die andere Gleichung von (3) jeweils in die entsprechende Gleichung von (4) übergeht.

5. Verbände

Hermitesche Matrizen A einer festen Ordnung n bilden bekanntlich einen geordneten Vektorraum, wenn man $0 \leqq A$ *genau dann definiert, falls* $0 \leqq xAx^*$ ist für alle n-dimensionalen Zeilenvektoren x. Für einen orthogonalen Projektor P gilt stets $0 \leqq P \leqq I_n$. Für zwei orthogonale Projektoren P, Q ist $P \leqq Q$ *genau dann, falls* $PQ = P$ gilt. Durch Übergang zu P^* folgt hieraus $QP = PQ$, so daß dann $Q - P$ ein orthogonaler Projektor mit $P(Q - P) = (Q - P)P = 0$ ist. Während die hermiteschen Matrizen aber keinen Verband bilden (vgl. W. A. J. LUXEMBURG und A. C. ZAANEN [6]), *bilden die orthogonalen Projektoren einen Verband,* bei dem das Supremum $P \vee Q$ zweier Projektoren P, Q der zusammengesetzte Projektor (5a) ist. Dies folgt einerseits aus der Definition des zusammengesetzten Projektors und andererseits aus der offensichtlichen Tatsache, daß (5a) ebenfalls ein orthogonaler Projektor ist. Unter der Voraussetzung (4b) kann man übrigens auch (5b) verwenden, da (5b) nach A. FELGENHAUER [3] nur eine Umformung von (5a) unter Verwendung von (4b) ist.

Mit Hilfe des maximalen Elementes I_n des Verbandes läßt sich das *Infimum* $P \wedge Q$ durch

$$P \wedge Q = I_n - (I_n - P) \vee (I_n - Q)$$

definieren. Dies ist derjenige orthogonale Projektor mit dem Kern ker $P \cup$ ker Q. Da die mengentheoretischen Operationen für die Nullräume distributiv sind, ist auch der Verband der orthogonalen Projektoren *distributiv*. Das kleinste Element des Verbandes ist die Nullmatrix 0.

Mit Hilfe der Definition

$$P \leqq Q \quad \textit{genau dann, wenn} \quad PQ = QP = P \quad \textit{ist}, \tag{18}$$

läßt sich die Halbordnung auch auf beliebige Projektoren fortsetzen. Bei nichtorthogonalen Projektoren braucht aber kein zusammengesetzter Projektor P_0 von P und Q im Sinne von (18) größer oder gleich P und Q zu sein, wie schon das Beispiel

$$P = \begin{pmatrix} 1 & 0 \\ a & 0 \end{pmatrix}, \qquad Q = \begin{pmatrix} 1 & 0 \\ b & 0 \end{pmatrix}, \qquad P_0 = \begin{pmatrix} 1 & 0 \\ c & 0 \end{pmatrix}$$

mit

$$PP_0 = P, \qquad QP_0 = Q, \qquad P_0 P = P_0 Q = P_0$$

im Fall $a \neq b$ zeigt. Trotzdem bilden die zweidimensionalen Projektoren einen Verband mit $P \vee Q = P$, falls $Q = P$ oder $Q = 0$ ist, und $P \vee Q = I_2$ sonst.

Literatur

1 BERG, L., Two matching rules, Beitr. zur Analysis **9** (1976), 7–10.
2 BERG, L., Solution of simultaneous equations, Demonstratio Math. **10** (1977), 515–522.
3 FELGENHAUER, A., Verbindungsregeln (matching rules) für Projektoren in linearen Räumen, Z. Anal. Anw. **1** (1982). 2, 11–22.
4 GROETSCH, C. W., Generalized Inverses of Linear Operators, Marcel Dekker, Inc., New York-Basel 1977.
5 KUHNERT, F., Pseudoinverse Matrizen und die Methode der Regularisierung, Teubner VG, Leipzig 1976.
6 LUXEMBURG, W. A. J.; ZAANEN, A. C., Riesz Spaces. I, North-Holland Publ. Comp., Amsterdam-London 1971.

Eingereicht am 26. August 1983

Anschrift: Prof. Dr. LOTHAR BERG, Wilhelm-Pieck-Universität, Sektion Mathematik, Universitätsplatz 1, DDR-2500 Rostock

ZAMM · Z. angew. Math. Mech. 66 (1986) 2, 114–116

DUNHAM, CH. B.

Discretization of Uniform Rational Approximation with Decaying Functions

In chemistry and physics it is wished to approximate functions (assumed to be of the form $B(x)g(x)$, $g > 0$) which decay to zero at ∞ by special forms of rational functions (namely ones of the type $B(x)/[L(A, x)]^i$, where B is a fixed polynomial, L is a polynomial approximating function of fixed degree and i is a fixed positive integer) which decay to zero at ∞ in a similar manner. In this note we study how uniform approximation on a finite set X extends to uniform approximation on a semi-infinite interval I as X fills out I.

References to scientific problems of this type are given in APPEL [0], who gave the first numerical method. The first mathematical study of the uniform approximation problem was that of WILLIAMS [5, 6], who only considered finite intervals. Extension to semi-infinite intervals was done by the author [3] and by BRINK and TAYLOR [1]. Extension to finite subsets is done in [7].

It is recommended that readers familiarize themselves with the problem of BRINK and TAYLOR [1], although the next two paragraphs contain all necessary information on the problem statement.

Consider an approximation problem the same as BRINK and TAYLOR [1], except that approximation is with respect to the norm

$$||h||_Y = \sup \{h(x) : x \in Y\}, \qquad ||h|| = ||h||_{[0,\infty]}$$

where Y is a compact subset of $[0, \infty]$. We approximate by

$$F(A, x) = B(x)/[L(A, x)]^i, \qquad L(A, x) > 0 \quad \text{for} \quad x \in Y, \tag{1}$$

where L is an approximating function corresponding to a power polynomial of degree n, i is a positive integer, and B is an element of $C[0, \infty)$ such that all zeros are isolated and

$$B(x)[x^n]^i \to 0 \quad \text{as} \quad x \to \infty .$$

In applications B is usually a polynomial.

BRINK and TAYLOR [1] actually approximate by

$$\alpha B(x)/[L(A, x)]^i, \qquad L(A, x) > 0 \quad \text{for} \quad x \in [0, \infty) .$$

The approximated f is of the form Bg, $g > 0$, $g \in C[0, \infty)$, and decays to zero at infinity. As 0 cannot be best [1, p. 144], best or near best approximations of that form have $\alpha > 0$, hence there is no loss of generality in the form (1), due to APPEL [0] and copied by WILLIAMS [5, 6].

Definition: For $k = 0, 1, 2, \ldots$ let X_k be a compact subset of $[0, \infty)$. We say $X_k \to [0, \infty]$ if for any x in $[0, \infty]$, there is a sequence $\{x_k\} \to x$ with $x_k \in X_k$. Denote the norm on X_k by $||\cdot||_k$.

Theorem: *Let no zero of B have multiplicity i or greater. Let $X_k \to [0, \infty]$ and A^k be best on X_k. Then*

(i) $||f - F(A^k, .)||_k \to \inf_A ||f - F(A, .)|| = \varrho(f)$.

(ii) *$\{A^k\}$ has an accumulation point and any accumulation point is best on $[0, \infty]$.*

Proof: Define the coefficient norm

$$||A|| = \max \{|a_i| : 0 \leq i \leq n\} .$$

Suppose $||A^k||$ is unbounded. Then by taking a subsequence if necessary, we can assume $||A^k|| \to \infty$. Define $C^k = A^k/||A^k||$ then $||C^k|| = 1$ and $\{C^k\}$ has an accumulation point C, $||C|| = 1$. Assume without loss of generality that $\{C^k\} \to C$. $L(C, .)$ has at most n zeros $\{z_1, \ldots, z_m\}$. Let x_0 be a point at which $||f||$ is attained. As $f(\infty) = 0$, $x_0 \neq \infty$. Let $\varepsilon > 0$ be given then there is y_0 near x_0 which is not a zero of $L(C, .)$ and such that $|f(y_0)| > ||f|| - \varepsilon$, Let $\{x_k\} \to y_0$, $x_k \in X_k$ then $L(A^k, x_k) \to \infty$, $F(A^k, x_k) \to 0$ and $|f(x_k) - F(A^k, x_k)| \to |f(y_0)|$. As ε was arbitrary, we have

$$\liminf_{k \to \infty} ||f - F(A^k, .)\,||_k \geq ||f|| . \tag{*}$$

But by BRINK and TAYLOR [1, p. 144], 0 cannot be best to f on $[0, \infty]$, hence there is $\delta > 0$ such that

$$\varrho(f) = \inf_A ||f - F(A, .)|| < ||f|| - \delta$$

and since X_k is a subset of $[0, \infty]$

$$||f - F(A^k, .)||_k \leq ||f - F(A, .)||_k \leq \varrho(f)$$

hence (*) is impossible and $\{A^k\}$ is bounded.

$\{A^k\}$ has an accumulation point A, assume without loss of generality $\{A^k\} \to A$. We claim $L(A, .) > 0$ on $[0, \infty)$. First, $L(A, .)$ cannot vanish where B does not vanish: let $L(A, x) = 0$, $B(x) \neq 0$ and $\{x_k\} \to x$, $x_k \in X_k$ then $L(A^k, x_k) \to 0$ and $F(A^k, x_k) \to \infty$, giving a contradiction. Secondly, suppose $L(A, .)$ had a zero at a zero x of B on $[0, \infty)$. As x is a zero of B of multiplicity less than i, there is a (non-removable) pole of $F(A, .)$ at x. There is y near x such that $B(y)/[L(A, y)]^i > 2\,||f||$ and $L(A, y) > 0$. By continuity this holds for y in a compact interval I containing no zeros of $L(A, .)$. Then

$$B(y)/[L(A^k, y)]^i \to B(y)/[L(A, y)]^i > 2\,||f|| \quad \text{uniformly on } I .$$

For all k sufficiently large, there is a point of X_k in I. This contradicts A^k being best on X_k. Hence $L(A, .)$ has no zeros on $[0, \infty)$.

Let $\varepsilon > 0$ be given. There is $x \in [0, \infty)$ such that

$$|f - F(A, x)| > ||f - F(A, .)|| - \varepsilon .$$

Let $x_k \in X_k$, $\{x_k\} \to x$ then

$$|f(x_k) - F(A^k, x_k)| \to |f(x) - F(A, x)|$$

hence

$$\liminf_{k \to \infty} ||f - F(A^k, .)||_k \geq \varrho(f) .$$

As $X_k \subset [0, \infty]$

$$\limsup_{k \to \infty} ||f - F(A^k, .)||_k \leq \varrho(f) ,$$

and (i) is proven.

Suppose A is not best on $[0, \infty)$. Then there is $\varepsilon > 0$ and $x \in [0, \infty)$ such that

$$|f(x) - F(A, x)| > \varrho(f) + \varepsilon .$$

There is an finite interval I containing x on which this inequality holds. By uniform convergence of $F(A^k, .)$ to $F(A, .)$ on I, there must hold for all k sufficiently large

$$f(x) - F(A^k, x)| > \varrho(f) + \varepsilon/2 , \qquad x \in I .$$

But this contradicts (i).

Lemma: *Let the coefficient of the highest power of x in $L(A, x)$ be positive and $L(A, x) > 0$ for $x \in [0, \infty)$. Then $\{A^k\} \to A$ implies $F(A^k, .)$ converges uniformly to $F(A, .)$ on $[0, \infty]$.*

Proof: Let $\varepsilon > 0$ be given. As $F(A, x) \to 0$ as $x \to \infty$, there exists x_0 such that $|F(A, x)| < \varepsilon/2$ for $x \geq x_0$. There exists $\delta > 0$ such that $||A - C|| < \delta$ implies $|F(C, x)| \leq \varepsilon/2$ for $x \geq x_0$. Let $\{A^k\} \to A$ then $|F(A^k, x)| \leq \varepsilon/2$ for $x \geq x_0$ and all k sufficiently large and $F(A^k, .) \to F(A, .)$ uniformly on $[0, x_0]$.

Remark: If the coefficient of the highest power is zero, nearby coefficient vectors could have the coefficient of the highest power of x negative and thus have the corresponding approximation of opposite sign for x large.

Corollary: *Let the hypothesis of the Theorem hold. Let the coefficient of the highest power of $L(A, .)$ be positive. Then $F(A^k, .)$ converges uniformly to $F(A, .)$ on $[0, \infty]$.*

We might not have uniform convergence if the coefficient of the highest power of $L(A, .)$ is zero. Let $f - F(A, .)$ have non-standard alternation [1] on $[0, \infty]$ and exactly $n + 1$ extrema. Best approximations on $[0, k]$ or a finite subset of $[0, k]$ must have at least $n + 1$ alternations (hence at least $n + 2$ extrema) of the error curve on the subsets and the amplitude of their error curve tends to $||f - F(A, .)||$ as $k \to \infty$ by (i). This is also mentioned in [4, bottom p. 411].

The analysis also applies to the constraint $L(A, x) > 0$ for $x \in [0, \infty)$ in (1) and to approximation on $[0, \alpha]$, $\alpha < \infty$. In the latter case we always have uniform convergence of $F(A^k, .)$ to $F(A, .)$ on $[0, \alpha]$.

The analysis also applies to the problem of DUNHAM [3], providing a best approximation on $[0, \infty)$ exists.

In case the best approximation $[0, \infty]$ is also best on a finite interval $[0, \alpha]$, we are guaranteed a quadratic rate of convergence for discretization [9] under favorable smoothness conditions.

Best approximations on finite subsets of $f = Bg$ by (1) can be accomplished by approximation of g by $1/[L(A, .)]^i$ with respect to multiplicative weight $|B|$ using the Remez-type algorithm [9] of the author. The author has a FORTRAN program REMEZ, described in [10, 11], which implements that algorithm. Subprograms APPROX and PARDER have been written for this general problem under the assumption that weights ($= |B|$) will be supplied by the user. It would also have been possible to incorporate the weights into APPROX and PARDER by multiplication.

As a test we tried computation of the best approximation for the problem of WILLIAMS [5, pp. 52—33; 6, p. 204] where $B(x) = x^2(1 - x)$, $g(x) = 10 \exp(-2x)$, $n = 6$, and $p = 8$. For approximation on $[0, \alpha]$, $\alpha \geq 10$, WILLIAMS obtained (a_k = coefficient of x^k)

$a_0 = .7498957$, $\qquad a_1 = .1874634$,

$a_2 = .2345613\ (10^{-1})$, $\qquad a_3 = .1931966\ (10^{-2})$,

$a_4 = .1319981\ (10^{-3})$, $\qquad a_5 = .3677103\ (10^{-5})$,

$a_6 = .5304318\ (10^{-6})$, $\qquad$ error norm $= 0.615\ (10^{-6})$.

For approximation on $\{0\ (1/5)\ 10\}$ we obtained agreement with WILLIAMS to four decimals (absolute) and error norm on the finite set .596 (10^{-6}). For approximation on $\{0\ (1/10)\ 20\}$ we obtained agreement to nearly five decimals (absolute) and error norm .605 (10^{-6}) on the finite set. For approximation on $\{0\ (1/20)\ 25\}$ we had seven decimal agreement (absolute) with WILLIAMS and error norm 0.615 (10^{-6}) on the finite set.

More agreement could not be expected in view of the magnitude of f and the accuracy of our computer (CDC Cyber 170/835, 48 bit mantissa in floating point).

As for the general Remez algorithm, success in computation may depend on the initial choice of A (the coefficients) and estimate of signed deviation and of the trial alternant $\{x_0^0, \dots, x_{n+1}^0\}$ of the Remez algorithm. In our example, we had an initial failure due to having the node $\{0\}$ in the trial alternant. With choice of $x_0^0 > 0$ we had a success with the initial discretization. Of course, the other node $\{1\}$ should never be in the trial alternant either. It was found helpful in later discretizations to have the trial alternant near the trial alternant of the previous discretization. In our example it was not found necessary to estimate the coefficients A closely. A first degree polynomial > 0 was found adequate. For help in coding PARDER, we note that for polynomial $L(A, x)$ with the power basis and $F(A, x) = 1/[L(A, x)]^i$, we have

$$\partial F(A, x)/\partial a_k = -ix^k/[L(A, x)]^{i+1}\,, \qquad k = 0, \dots, n\,, \tag{*}$$

and we can set $PD(K + 1)$ to (*).

References

0 APPEL, K., Rational approximation of decay-type functions, BIT 2 (1962), 69–75.
1 BRINK, D.; TAYLOR, G. D., Chebyshev approximation by reciprocals of polynomials on $[0, \infty)$, J. Approximation Theory 16 (1976), 142–149.
2 CARTA, D. G., Minimax approximation by rational functions of the inverse polynomial type, BIT 18 (1978), 490–492.
3 DUNHAM, C. B., Chebyshev approximation by interpolating rationals on $[\alpha, \infty)$, Math. Comput. 29 (1975), 349–351.
4 DUNHAM, C. B., Alternating approximation on shorter intervals, Studia Sci. Math. Hung. 14 (1979), 409–413.
5 WILLIAMS, J., Some Numerical Problems in Theoretical Physics, PhD thesis, Oxford 1968.
6 WILLIAMS, J., Numerical Chebyshev approximation by interpolating rationals, Math. Comput. 26 (1972), 199–206.
7 ALMACANY, M.; DUNHAM, C. B.; WILLIAMS, J., Discrete Chebyshev approximation by interpolating rationals, J. Inst. Math. Appl. Numer. Anal. 4 (1984), 467–477.
8 DUNHAM, C. B., Efficiency of alternating Chebyshev approximation on finite subsets, J. Approximation Theory 20 (1977), 257–263.
9 DUNHAM, C. B., Discrete Chebyshev aproximation: Alternation and the Remez algorithm, Z. angew. Math. Mech. 58 (1979), 326–328.
10 DUNHAM, C. B., Algorithm 017: A Fortran program for discrete nonlinear Chebyshev approximation, J. Comp. Appl. Math. 6 (1980), 241–245.
11 DUNHAM, C. B., Weighted discrete nonlinear Chebyshev approximation, J. Comput. Appl. Math. 8 (1982), 133.

Received October 25, 1983, corrected November 2, 1984

Address: Dr. CHARLES B. DUNHAM, The University of Western Ontario, Department of Computer Science, Middlesex College, London, Ontario N6A 5B7, Canada

ZAMM · Z. angew. Math. Mech. 66 (1986) 2, 116–119

GOH, C. J.; PHAN-THIEN, N.; ATKINSON, J. D.

On a Stochastic Bifurcation in a Nonlinear System

1. Introduction

Many vibrational, mechanical, electrical and populational problems can be modelled by non-linear first-order systems subjected to parametric random excitation. Examples of these problems can be found in the monograph by LUDWIG [1] and the review article by CAUGHEY [2].

As an illustration of such problems we consider a simple model for dilute polymeric liquids where a polymer macromolecule is modelled by two beads connected by a spring [3], the so-called *dumbbell model*. These beads interact hydrodynamically and experience some random Brownian forces due to the thermal motion of the solvent molecules. If $\boldsymbol{x}(t)$ is the end-to-end vector of a dumbbell molecule and the masses of the beads are neglected, then the equations of motion reduce to

$$\frac{\mathrm{d}}{\mathrm{d}t}\,\boldsymbol{x} = \boldsymbol{A}(\boldsymbol{x})\,\boldsymbol{x} + \boldsymbol{B}(\boldsymbol{x})\,\boldsymbol{n}(t)\,, \tag{1}$$

where $\boldsymbol{n}(t)$ is the Brownian force and $\boldsymbol{A}(\boldsymbol{x})$ and $\boldsymbol{B}(\boldsymbol{x})$ are given by

$$\left.\begin{aligned} \boldsymbol{A} &= \begin{pmatrix} \boldsymbol{L} - \dfrac{K}{\xi}\,\boldsymbol{I} & -K\boldsymbol{\Omega}(\boldsymbol{x}) \\ -K\boldsymbol{\Omega}(\boldsymbol{x}) & \boldsymbol{L} - \dfrac{K}{\xi}\,\boldsymbol{I} \end{pmatrix}, \\ \boldsymbol{B} &= \begin{pmatrix} \dfrac{1}{\xi}\,\boldsymbol{I} & \boldsymbol{\Omega}(\boldsymbol{x}) \\ \boldsymbol{\Omega}(\boldsymbol{x}) & \dfrac{1}{\xi}\,\boldsymbol{I} \end{pmatrix}. \end{aligned}\right\} \tag{2}$$

In (2), $\boldsymbol{L}$ is the velocity gradient, $\boldsymbol{I}$ is the unit tensor, K is the spring stiffness, ξ is the frictional coefficient, $\boldsymbol{\Omega}(\boldsymbol{x})$ is the Oseen tensor which specifies the hydrodynamic interaction between the beads

$$\boldsymbol{\Omega}(\boldsymbol{x}) = \frac{1}{8\pi\eta x}\left(\boldsymbol{I} + \frac{\boldsymbol{x}\boldsymbol{x}}{x^2}\right),$$

where η is the solvent viscosity and $x^2 = \boldsymbol{x}\cdot\boldsymbol{x}$. A derivation of (1) may be found in [3].

We are interested in the shear flow past a layer of adsorbed dumbbell molecules where the distance between two anchored end points of the two adsorbed dumbbell molecules is h. Exact solution to (1) subjected to reflection boundary conditions is quite impossible and we have resorted to the technique of Monte-Carlo simulation, some details of which are given in [4]. We found that for large separation distance h, hydrodynamic interaction between the dumbbells plays no part in determining the mean molecular configurations of the dumbbells. As h decreases it becomes exceedingly difficult to obtain a steady-state solution. Furthermore, for a certain value of h a phenomenon akin to bifurcation occurs.

In this Note we wish to consider a one-dimensional analog of (1) which allows us to obtain a closed form solution to the associate Fokker-Planck-Kolmogorov equation. This one-dimensional model predicts most of the observed simulation results and permits us to gain some insight into complicated behaviour of higher dimensional systems. A general theory of "Stochastic bifurcation" is still lacking, however.

2. Analysis

In what follows we restrict our attention to the first-order system

$$\frac{\mathrm{d}}{\mathrm{d}t}\,\boldsymbol{x} = \begin{pmatrix} 1 & \Omega \\ \Omega & 1 \end{pmatrix}(-\boldsymbol{x} + \boldsymbol{n}(t))\,, \tag{3}$$

where $\boldsymbol{x} = \{x_1, x_2\}$ and

$$\Omega = \frac{1}{|x_2 - x_1 + h|}\,. \tag{4}$$

In effect, the beads are constrained to lie on a line parallel to the wall. x_1 and x_2 are thus the co-ordinates of the beads on this line and Ω is now the "Oseen scalar" where h is a positive parameter. In terms of the normal coordinates

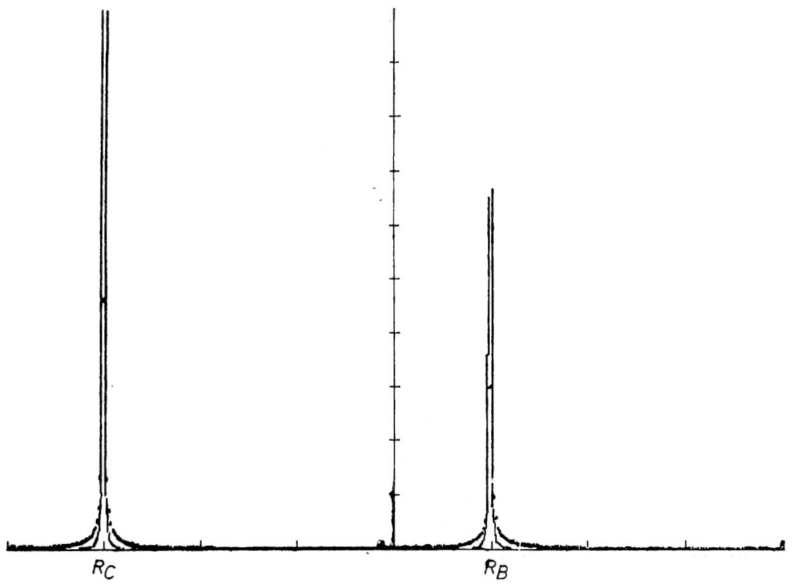

Fig. 1. Probability distribution function for $h = 0.5$, $D = 10$

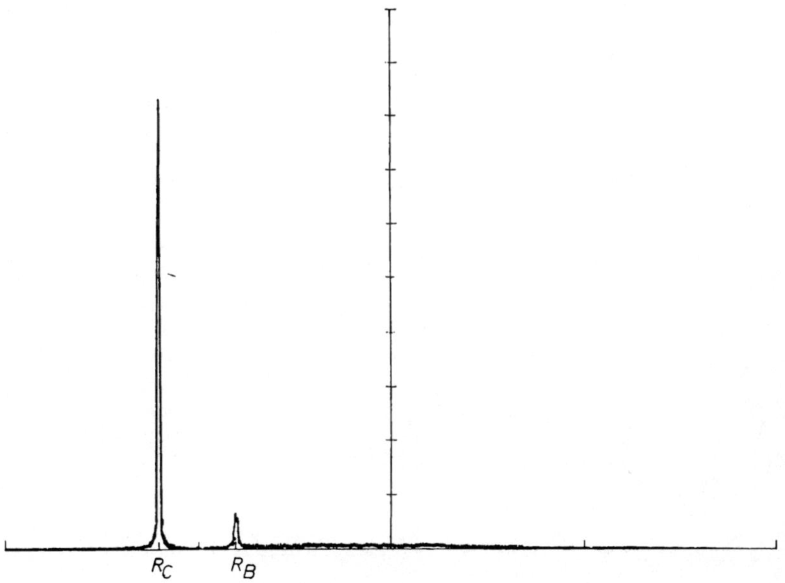

Fig. 2. Probability distribution function for $h = 5$, $D = 10$

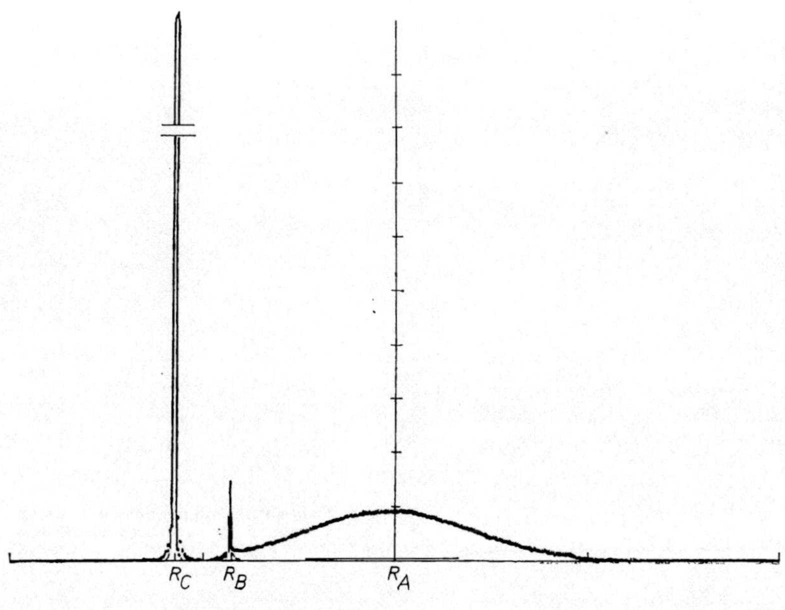

Fig. 3. Probability distribution function for $h = 7$, $D = 10$

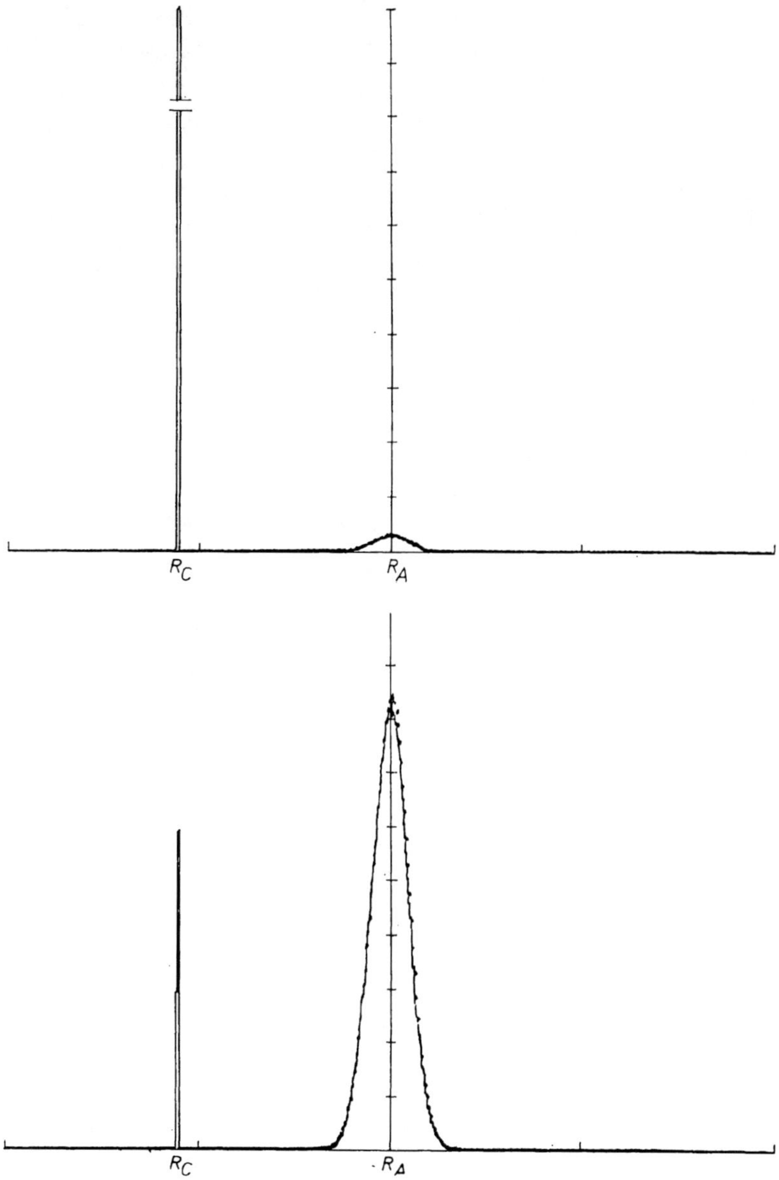

Fig. 4 a, b. Probability distribution function for $h = 9.55$ and $h = 9.575$. $D = 1$ in both cases

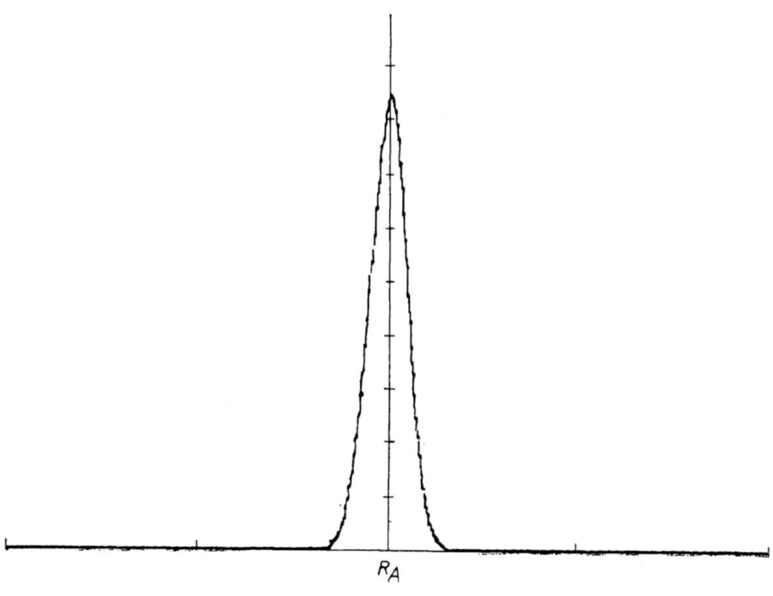

Fig. 4c. Probility distribution function for $h = 9.60$, $D = 1$. The shape of the probability distribution function remains unchanged for further increase in h

$$X = \tfrac{1}{2}(x_1 + x_2)\,, \qquad R = x_2 - x_1\,, \tag{5}$$

equation (3) reduces to

$$\frac{d}{dt} X = \left(\frac{1}{|R+h|} + 1\right)\left(-X + \frac{n_1 + n_2}{2}\right), \tag{6}$$

$$\frac{d}{dt} R = \left(\frac{1}{|R+h|} - 1\right)(R + W(t))\,, \tag{7}$$

where $W(t) \equiv n_2 - n_1$ is assumed to have spectral density of D. (The fluctuation dissipation theorem relates the diffusivity D to the frictional coefficient experienced by the Brownian particle. Here we will not use the theorem and simply assume a constant diffusivity.)

It is quite obvious that the steady-state mean position of the centre of mass X is 0. We are interested in the steady-state mean position of R. Note that $\langle R\rangle > 0$, $-h < \langle R\rangle < 0$ and $\langle R\rangle < -h$ correspond, respectively, to repulsion, attraction and cross-linking. Hence we will concentrate on (7).

In the case where $D = 0$ the system is reduced to a deterministic system in which there are three fixed points $R_A = 0$, $R_B = 1 - h$ and $R_C = -1 - h$. For $h > 1$ $R_A = 0$ and $R_C = -1 - h < 0$ are stable fixed points while $R_B = 1 - h < 0$ is unstable. For $h < 1$ $R_B = 1 - h > 0$ and $R_C = -1 - h < 0$ are stable while $R_A = 0$ is unstable. Note that R_C corresponds to a cross-linking configuration and it is stable in both cases though it seems physically unrealistic. Only one stable fixed point is realistic. At large separation the beads do not interact ($R_A = 0$) and at small separation they repulse one another ($R_B = 1 - h$).

The stable *deterministic fixed points* (DFP) can be represented by two delta functions in the steady-state probability distribution of R. If purely additive noise is present, we would expect the probability distribution to spread out about the *stochastic fixed points* (SFP) whose locations are expected to be near to the DFP. The existence of the two SFP explains why it is difficult to obtain a steady-state solution by simulation: R migrates from one SFP to the other frequently and a large simulation time is required to obtain an accurate mean value of R.

More interestingly, we discover an abrupt change in the stability of the SFP at certain value of h. That is, $\langle R\rangle$ changes from one value to a different one for a small change in h at a critical value of h. A general theory for this phenomenon, which may be termed *stochastic bifurcation*, is still lacking.

Now the associate Fokker-Planck-Kolmogorov equation for (7) is

$$\frac{\partial \varphi}{\partial t} = -\frac{\partial}{\partial R}\left[\left(\frac{1}{|R+h|} - 1\right) R\varphi\right] + D\frac{\partial}{\partial R}\left\{\left(\frac{1}{|R+h|} - 1\right)\frac{\partial}{\partial R}\left[\left(\frac{1}{|R+h|} - 1\right)\varphi\right]\right\} \tag{8}$$

where $\varphi(R, t)$ is the probability distribution function. (We follow the Stratonovich interpretation of a stochastic differential equation here. An Ito interpretation can be shown to yield similar conclusions.) After a change of variable, we find that the steady-state solution of (8) which decays to zero at infinity is

$$\varphi = C|y|\,|y - \operatorname{sgn}(y)|^{-\frac{1}{D}(1+D-\operatorname{sgn}(y)h)} \times \exp\left\{-\frac{y^2}{2D} + \frac{y}{D}(h - \operatorname{sgn}(y))\right\}, \tag{9}$$

where $y = R + h$ and C is a normalizing constant such that

$$\int_{-\infty}^{\infty} \varphi(R)\, dR = 1\,.$$

The normalized probability distribution function (9) is plotted in Figs. 1 and 2 for the cases of $h < 1$ and $h > 1$, respectively. When $h < 1$, the stochastic system behaved similarly to the deterministic one except that the SFP $R_C = -1 - h$ is more dominant over $R_B = 1 - h$. Increasing the diffusivity D causes the distribution to spread out.

The more interesting case is when $h > 1$. For small h $R_C = -1 - h$ remains the dominant SFP but $R_B = 1 - h$ has now replaced $R_A = 0$ (stable DFP) as the other stable SFP. This explains why the simulated $\langle R\rangle$ is most likely to converge to $R_C = -1 - h$, sometimes to $R_B = 1 - h$, but never to $R_A = 0$.

As h increases further, it seems that all three SFP are stable although R_C is much more dominant and R_A is much more diffused, see Fig. 3.

A further increase of h leads to a stochastic bifurcation (Figs. 4 a, b, c). At $h = 9.55$, the peak at R_B has completely disappeared indicating that it is unstable. The peak at R_A is much smaller and highly diffused. Thus the only dominant SFP is R_C and $\langle R\rangle$ will converge to R_C (Fig. 4a). A small increment in h of 0.05 changes the situation drastically: the peak at R_C completely disappears and R_A is the only stable SFP left and $\langle R\rangle$ converges to R_A.

This abrupt change in the stability of the SFP explains why $\langle R\rangle$ changes its convergence points in the simulation for a small change in h. The phenomenon may be termed *stochastic bifurcation* and is seen to occur in some population and epidemic problems [1]. It is possible to find the critical value of h at which a stochastic bifurcation occurs by searching for the singularities of $d\langle R\rangle/dh$. This leads to an integral equation to be solved numerically. At present there seems to be no theory treating this stochastic bifurcation phenomenon, especially in a multi-dimensional system.

References

1 Ludwig, D., Stochastic Population Theories, Lecture Notes in Biomathematics 3, Springer-Verlag, Berlin-Heidelberg-New York 1978.

2 Caughey, T. K., Non-linear theory of random vibration, Advances in Appl. Mech. **11** (1971), 209.

3 Bird, R. B.; Hassager, O.; Armstrong, R. C.; Curtiss, C. F., Dynamics of Polymeric Liquids. Vol. II, Wiley, New York 1977.

4 Atkinson, J.; Goh, C. J.; Phan-Thien, N., Bead-spring models for an adsorbed polymer molecule in a shear flow, J. Chem. Phys. **80** (1984) 6305.

Received February 6, 1984

Address: Dr. C. J. Goh, Dr. N. Phan-Thien, Dr. J. D. Atkinson, Department of Mechanical Engineering, University of Sydney, Sydney. N.S.W. 2006, Australia

ZAMM · Z. angew. Math. Mech. 66 (1986) 2, 119 – 121

de Boer, R.; Kowalski, St. J.

The Uniqueness Theorem for Solutions of Boundary-Value Problems in the Plasticity Theory for Fluid-Saturated Porous Solids

1. Introduction

The authors of this paper have recently published a paper [1], in which the equations of a plasticity theory for fluid-saturated porous solids were presented. The uniqueness theorem for solutions of boundary-value problems solved on the base of these equations was, however, not given there. For completeness of the theory it is also required to prove this theorem as it imposes some restrictions with respect to the constitutive equations. That is exactly the purpose of this work.

The uniqueness theorem considered in this paper concerns a rigid-ideal plastic porous material with its intercommunicating void spaces filled with a viscous fluid. It is assumed the porous material to be isotropic and the pores statistically distributed over the whole space occupied by the medium in question with an isotropic distribution function. We assume the compressibility of the peculiar components to be much smaller than the compressibility of the medium as a whole.

The final result of this paper is the proof of the uniqueness theorem for solutions of boundary-value problems. We state that the constitutive equations presented in the paper [1] are unique except possibly in the common nondeformed regions of the solutions. The proof is performed being based on the virtual work equation and the Schwarz' inequality.

2. Basic equations

For the clearness of our considerations we report here the basic equations of the plasticity theory for fluid-saturated porous solids [1]. These equations were obtained for an elastic-ideal plastic skeleton, but here we restrict our considerations to a rigid-ideal plastic one. The basic set of equations is as follows:

The *equation of mass continuity for incompressible skeleton and incompressible fluid*

$$-\frac{\partial f_v}{\partial t} + (1 - f_v)\operatorname{div}\boldsymbol{v} = 0\,, \tag{2.1a}$$

$$\frac{\partial f_v}{\partial t} + f_v \operatorname{div}\boldsymbol{v} = -\operatorname{div}[f_p(\boldsymbol{w} - \boldsymbol{v})]\,, \tag{2.1b}$$

where $\boldsymbol{v}$ and $\boldsymbol{w}$ denote the velocity fields of the skeleton and of the free fluid and f_v and f_p denote the volume and the surface porosity, respectively.

The *balance equations for the skeleton and the trapped fluid as a whole and for the free fluid* (the inertia forces and the body forces are omitted).

$$\operatorname{div}\overline{\boldsymbol{T}} + b(\boldsymbol{w} - \boldsymbol{v}) = \boldsymbol{0}\,, \qquad \operatorname{grad}\overline{p} - b(\boldsymbol{w} - \boldsymbol{v}) = \boldsymbol{0}\,. \tag{2.2a), (2.2b}$$

Here $\overline{\boldsymbol{T}}$ denotes the partial stress tensor in the skeleton and the trapped fluid as a whole, and $\overline{p} = -pf_p$ the partial pressure in the free fluid, where p is the true fluid pressure, b denotes the Darcy constant.

The *yield criterion*

$$2\varphi = \boldsymbol{T}^{\mathrm{D}} \cdot \boldsymbol{T}^{\mathrm{D}} + 3\alpha^2(\boldsymbol{T}\cdot\boldsymbol{I})^2 - K^2 = 0 \tag{2.3}$$

where $\boldsymbol{T} = \overline{\boldsymbol{T}} + (1 - f_p)\,p\boldsymbol{I} = \boldsymbol{T}^{\mathrm{D}} + \frac{1}{3}(\boldsymbol{T}\cdot\boldsymbol{I})\,\boldsymbol{I}$ denotes the "effective stress" in the skeleton.

The coefficients α and K have been determined for an elastic-ideal plastic skeleton. For a rigid-ideal plastic one they are

$$\left.\begin{aligned}
K &= \sqrt{\tfrac{2}{3}}\,\beta Y\,,\\
\sqrt{3}\alpha &= \sqrt{\frac{2}{3}}\,\frac{\beta}{2\ln(1/f_v)} = \begin{cases}0 & \text{for } f_v = 0\\ \sqrt{\dfrac{2}{3}} & \text{for } f_v = 1\end{cases}\\
\beta &= \frac{3(1 - f_v^{2/3})}{3 - 2f_v^{2/3}} = \begin{cases}1 & \text{for } f_v = 0\\ 0 & \text{for } f_v = 1\end{cases}
\end{aligned}\right\} \tag{2.4}$$

where Y denotes the yield stress of the solid by extension.

The *constitutive equations*

$$\boldsymbol{D} = \dot{\lambda}\,\frac{\partial\varphi}{\partial\boldsymbol{T}} = \dot{\lambda}[\boldsymbol{T}^{\mathrm{D}} + 3\alpha^2(\boldsymbol{T}\cdot\boldsymbol{I})\,\boldsymbol{I}]\,, \tag{2.5}$$

where

$$\left.\begin{aligned}
\boldsymbol{D} &= \tfrac{1}{2}[\operatorname{grad}\boldsymbol{v} + (\operatorname{grad}\boldsymbol{v})^{\mathrm{T}}] = \boldsymbol{D}^{\mathrm{D}} + \tfrac{1}{3}(\boldsymbol{D}\cdot\boldsymbol{I})\,\boldsymbol{I}\,,\\
\dot{\lambda} &= \sqrt{(\boldsymbol{D}^{\mathrm{D}}\cdot\boldsymbol{D}^{\mathrm{D}}) + (\boldsymbol{D}\cdot\boldsymbol{I}/3\sqrt{3}\alpha)^2}\,K \geqq 0\,.
\end{aligned}\right\} \tag{2.5a}$$

The strain rate tensor $\boldsymbol{D}$ is here equal to the plastic strain rate tensor $\boldsymbol{D}^{p}$.

We shall also use the converse dependency between $\boldsymbol{T}$ and $\boldsymbol{D}$ i.e.

$$\boldsymbol{T} = \frac{1}{\dot{\lambda}}\left[\boldsymbol{D}^{D} + \frac{1}{3}\,\frac{\boldsymbol{D}\cdot\boldsymbol{I}}{9\alpha^2}\,\boldsymbol{I}\right]. \tag{2.6}$$

3. The virtual work equation

Assume that a body $\mathcal{P}$ with surface area $\partial\mathcal{P}$ yields under the action of surface tractions $\boldsymbol{t}^s$ and $\boldsymbol{t}^f$ on the boundary surface of area $\partial\mathcal{P}_t$ and prescribed velocities $\boldsymbol{v}$ and $\boldsymbol{w}$ over the surface area $\partial\mathcal{P}_v$. Furthermore we assume that for the boundary-value problem the velocity field $\boldsymbol{v}$ as well as the strain rate $\boldsymbol{D}$ and the stress state $\boldsymbol{T}$ exist. All given quantities at the boundary and inside the body are smooth.

Our aim is to test whether the stress state $\boldsymbol{T}$ and the strain rate $\boldsymbol{D}$ uniquely depend on the boundary conditions. For the performance of the proof we shall use the virtual work equations, which in our case can be obtained as follows: We multiply equation (2.2a) by the skeleton velocity variation $\hat{\boldsymbol{v}}$ and equation (2.2b) by the free fluid velocity variation $\hat{\boldsymbol{w}}$ and next we add both these equations and integrate over the body $\mathcal{P}$:

$$\int_{\mathcal{P}} \{[\operatorname{div}\overline{\boldsymbol{T}} + b(\boldsymbol{w} - \boldsymbol{v})]\cdot\hat{\boldsymbol{v}} + [\operatorname{grad}\overline{p} - b(\boldsymbol{w} - \boldsymbol{v})]\cdot\hat{\boldsymbol{w}}\}\,dv = 0\,. \tag{3.1}$$

Doing some operations (s. [2])

$$\left.\begin{aligned}
\operatorname{div}(\overline{\boldsymbol{T}})\cdot\hat{\boldsymbol{v}} &= \operatorname{div}(\overline{\boldsymbol{T}}\hat{\boldsymbol{v}}) - \overline{\boldsymbol{T}}\cdot\operatorname{grad}\hat{\boldsymbol{v}}\,,\\
(\operatorname{grad}\overline{p})\cdot\hat{\boldsymbol{w}} &= \operatorname{div}(\overline{p}\hat{\boldsymbol{w}}) - \overline{p}\operatorname{div}\hat{\boldsymbol{w}}
\end{aligned}\right\} \tag{3.2}$$

and using the Gauss-Ostrogradsky theorem we obtain

$$\int_{\mathcal{P}} [\overline{\boldsymbol{T}}\cdot\operatorname{grad}\hat{\boldsymbol{v}} + \overline{p}\operatorname{div}\hat{\boldsymbol{w}} + b(\boldsymbol{w} - \boldsymbol{v})\cdot(\hat{\boldsymbol{w}} - \hat{\boldsymbol{v}})]\,dv = \int_{\partial\mathcal{P}} (\boldsymbol{t}^s\cdot\hat{\boldsymbol{v}} + \boldsymbol{t}^f\cdot\hat{\boldsymbol{w}})\,da \tag{3.3}$$

where $\boldsymbol{t}^s = \overline{\boldsymbol{T}}\boldsymbol{n}$ and $\boldsymbol{t}^f = \overline{p}\boldsymbol{n}$.

From (2.1a) and (2.1b), taking into account the regular distribution of pores, we find

$$\operatorname{div}\hat{\boldsymbol{w}} = -\frac{1 - f_p}{f_p}\operatorname{div}\hat{\boldsymbol{v}}\,. \tag{3.4}$$

Now we can rewrite equation (3.3) as follows:

$$\int_{\mathcal{P}} [\boldsymbol{T}\cdot\hat{\boldsymbol{D}} + b(\boldsymbol{w} - \boldsymbol{v})\cdot(\hat{\boldsymbol{w}} - \hat{\boldsymbol{v}})]\,dv = \int_{\partial\mathcal{P}} (\boldsymbol{t}^s\cdot\hat{\boldsymbol{v}} + \boldsymbol{t}^f\cdot\hat{\boldsymbol{w}})\,da\,. \tag{3.5}$$

Equation (3.5) expresses the virtual work equation for fluid-saturated porous solid.

4. Uniqueness theorem

Let $\overset{(1)}{\boldsymbol{T}}, \overset{(1)}{\boldsymbol{D}}, \overset{(1)}{\boldsymbol{v}}, \overset{(1)}{\boldsymbol{w}}$, and $\overset{(2)}{\boldsymbol{T}}, \overset{(2)}{\boldsymbol{D}}, \overset{(2)}{\boldsymbol{v}}, \overset{(2)}{\boldsymbol{w}}$ be two possible stress states and associated strain rates and velocity fields for the body which is yielding by given boundary conditions. The virtual strain rates and velocities become

$$\hat{\boldsymbol{D}} = \overset{(1)}{\boldsymbol{D}} - \overset{(2)}{\boldsymbol{D}}\,, \qquad (\hat{\boldsymbol{w}} - \hat{\boldsymbol{v}}) = (\overset{(1)}{\boldsymbol{w}} - \overset{(1)}{\boldsymbol{v}}) - (\overset{(2)}{\boldsymbol{w}} - \overset{(2)}{\boldsymbol{v}})\,. \tag{4.1}$$

From the virtual work equation (3.5), being expressed for the two possible stress states and afterwards substracted one from the other, we obtain:

$$J = \int_{\mathcal{P}} [(\overset{(1)}{\boldsymbol{T}} - \overset{(2)}{\boldsymbol{T}})\cdot(\overset{(1)}{\boldsymbol{D}} - \overset{(2)}{\boldsymbol{D}}) + b(\hat{\boldsymbol{w}} - \hat{\boldsymbol{v}})\cdot(\hat{\boldsymbol{w}} - \hat{\boldsymbol{v}})]\,dv = 0\,. \tag{4.2}$$

The second term under the integral (4.2) is always non-negative, i.e.

$$b(\hat{\boldsymbol{w}} - \hat{\boldsymbol{v}})\cdot(\hat{\boldsymbol{w}} - \hat{\boldsymbol{v}}) \geqq 0\,. \tag{4.3}$$

This equation is equal to zero, when

$$(\hat{\boldsymbol{w}} - \hat{\boldsymbol{v}}) = (\overset{(1)}{\boldsymbol{w}} - \overset{(1)}{\boldsymbol{v}}) - (\overset{(2)}{\boldsymbol{w}} - \overset{(2)}{\boldsymbol{v}}) = \boldsymbol{0} \quad (\text{or } b = 0)\,. \tag{4.4}$$

We now show that the first expression under the integral is also non-negative, i.e.

$$(\overset{(1)}{\boldsymbol{T}} - \overset{(2)}{\boldsymbol{T}})\cdot(\overset{(1)}{\boldsymbol{D}} - \overset{(2)}{\boldsymbol{D}}) \geqq 0\,. \tag{4.5}$$

To this aim we put the constitutive equations (2.6) into (4.5) and obtain

$$K\left[\frac{\overset{(1)}{\boldsymbol{D}}{}^{D} + \dfrac{1}{3}\dfrac{\overset{(1)}{\boldsymbol{D}}\cdot\boldsymbol{I}}{9\alpha^2}\boldsymbol{I}}{\sqrt{\overset{(1)}{\boldsymbol{D}}{}^{\mathrm{D}}\cdot\overset{(1)}{\boldsymbol{D}}{}^{D} + \dfrac{1}{3}\left(\dfrac{\overset{(1)}{\boldsymbol{D}}\cdot\boldsymbol{I}}{3\alpha}\right)^2}} - \frac{\overset{(2)}{\boldsymbol{D}}{}^{D} + \dfrac{1}{3}\dfrac{\overset{(2)}{\boldsymbol{D}}\cdot\boldsymbol{I}}{9\alpha^2}\boldsymbol{I}}{\sqrt{\overset{(2)}{\boldsymbol{D}}{}^{\mathrm{D}}\cdot\overset{(2)}{\boldsymbol{D}}{}^{D} + \dfrac{1}{3}\left(\dfrac{\overset{(2)}{\boldsymbol{D}}\cdot\boldsymbol{I}}{3\alpha}\right)^2}}\right]\times$$

$$\times(\overset{(1)}{\boldsymbol{D}} - \overset{(2)}{\boldsymbol{D}}) =$$

$$K\left[\frac{\overset{(1)}{\boldsymbol{D}}{}^{\mathrm{D}}\cdot\overset{(1)}{\boldsymbol{D}}{}^{\mathrm{D}} + \dfrac{1}{3}\left(\dfrac{\overset{(1)}{\boldsymbol{D}}\cdot\boldsymbol{I}}{3\alpha}\right)^2}{\sqrt{\overset{(1)}{\boldsymbol{D}}{}^{\mathrm{D}}\cdot\overset{(1)}{\boldsymbol{D}}{}^{\mathrm{D}} + \dfrac{1}{3}\left(\dfrac{\overset{(1)}{\boldsymbol{D}}\cdot\boldsymbol{I}}{3\alpha}\right)^2}} - \frac{\overset{(1)}{\boldsymbol{D}}{}^{\mathrm{D}}\cdot\overset{(2)}{\boldsymbol{D}}{}^{\mathrm{D}} + \dfrac{1}{3}\dfrac{(\overset{(1)}{\boldsymbol{D}}\cdot\boldsymbol{I})\,(\overset{(2)}{\boldsymbol{D}}\cdot\boldsymbol{I})}{9\alpha^2}}{\sqrt{\overset{(1)}{\boldsymbol{D}}{}^{\mathrm{D}}\cdot\overset{(1)}{\boldsymbol{D}}{}^{\mathrm{D}} + \dfrac{1}{3}\left(\dfrac{\overset{(1)}{\boldsymbol{D}}\cdot\boldsymbol{I}}{3\alpha}\right)^2}} + \right.$$

$$+\frac{\overset{(2)}{\boldsymbol{D}}{}^{\mathrm{D}}\cdot\overset{(2)}{\boldsymbol{D}}{}^{\mathrm{D}}+\frac{1}{3}\left(\frac{\overset{(2)}{\boldsymbol{D}}\cdot\boldsymbol{I}}{3\alpha}\right)^2}{\sqrt{\overset{(2)}{\boldsymbol{D}}{}^{\mathrm{D}}\cdot\overset{(2)}{\boldsymbol{D}}{}^{\mathrm{D}}+\frac{1}{3}\left(\frac{\overset{(2)}{\boldsymbol{D}}\cdot\boldsymbol{I}}{3\alpha}\right)^2}}-\frac{\overset{(1)}{\boldsymbol{D}}{}^{\mathrm{D}}\cdot\overset{(2)}{\boldsymbol{D}}{}^{\mathrm{D}}+\frac{1}{3}\frac{(\overset{(1)}{\boldsymbol{D}}\cdot\boldsymbol{I})(\overset{(2)}{\boldsymbol{D}}\cdot\boldsymbol{I})}{9\alpha^2}}{\sqrt{\overset{(2)}{\boldsymbol{D}}{}^{\mathrm{D}}\cdot\overset{(2)}{\boldsymbol{D}}{}^{\mathrm{D}}+\frac{1}{3}\left(\frac{\overset{(2)}{\boldsymbol{D}}\cdot\boldsymbol{I}}{3\alpha}\right)^2}}\Bigg]. \tag{4.6}$$

Now using Schwarz's inequality (s. [2]), we state that

$$\overset{(1)}{\boldsymbol{D}}{}^{\mathrm{D}}\cdot\overset{(2)}{\boldsymbol{D}}{}^{\mathrm{D}}+\frac{1}{3}\frac{(\overset{(1)}{\boldsymbol{D}}\cdot\boldsymbol{I})(\overset{(2)}{\boldsymbol{D}}\cdot\boldsymbol{I})}{9\alpha^2}=$$

$$=\left(\overset{(1)}{\boldsymbol{D}}{}^{\mathrm{D}}+\frac{1}{3}\frac{\overset{(1)}{\boldsymbol{D}}\cdot\boldsymbol{I}}{3\alpha}\boldsymbol{I}\right)\cdot\left(\overset{(2)}{\boldsymbol{D}}{}^{\mathrm{D}}+\frac{1}{3}\frac{\overset{(2)}{\boldsymbol{D}}\cdot\boldsymbol{I}}{3\alpha}\boldsymbol{I}\right)\leq$$

$$\leq\sqrt{\left(\overset{(1)}{\boldsymbol{D}}{}^{\mathrm{D}}+\frac{1}{3}\frac{\overset{(1)}{\boldsymbol{D}}\cdot\boldsymbol{I}}{3\alpha}\boldsymbol{I}\right)\cdot\left(\overset{(1)}{\boldsymbol{D}}{}^{\mathrm{D}}+\frac{1}{3}\frac{\overset{(1)}{\boldsymbol{D}}\cdot\boldsymbol{I}}{3\alpha}\boldsymbol{I}\right)}\cdot$$

$$\cdot\sqrt{\left(\overset{(2)}{\boldsymbol{D}}{}^{\mathrm{D}}+\frac{1}{3}\frac{\overset{(2)}{\boldsymbol{D}}\cdot\boldsymbol{I}}{3\alpha}\boldsymbol{I}\right)\cdot\left(\overset{(2)}{\boldsymbol{D}}{}^{\mathrm{D}}+\frac{1}{3}\frac{\overset{(2)}{\boldsymbol{D}}\cdot\boldsymbol{I}}{3\alpha}\boldsymbol{I}\right)}=$$

$$=\sqrt{\overset{(1)}{\boldsymbol{D}}{}^{\mathrm{D}}\cdot\overset{(1)}{\boldsymbol{D}}{}^{\mathrm{D}}+\frac{1}{3}\left(\frac{\overset{(1)}{\boldsymbol{D}}\cdot\boldsymbol{I}}{3\alpha}\right)^2}\sqrt{\overset{(2)}{\boldsymbol{D}}{}^{\mathrm{D}}\cdot\overset{(2)}{\boldsymbol{D}}{}^{\mathrm{D}}+\frac{1}{3}\left(\frac{\overset{(2)}{\boldsymbol{D}}\cdot\boldsymbol{I}}{3\alpha}\right)^2}. \tag{4.7}$$

Then the inequality in (4.5) obliges for $\overset{(1)}{\boldsymbol{D}}\neq\overset{(2)}{\boldsymbol{D}}$. Equality (4.2) be satisfied, when

$$\overset{(1)}{\boldsymbol{D}}=\overset{(2)}{\boldsymbol{D}}\quad\text{and}\quad\overset{(1)}{\boldsymbol{w}}-\overset{(1)}{\boldsymbol{v}}=\overset{(2)}{\boldsymbol{w}}-\overset{(2)}{\boldsymbol{v}}. \tag{4.8}$$

On the base of (2.5) we state that for $\overset{(1)}{\boldsymbol{D}}=\overset{(2)}{\boldsymbol{D}}$ also $\overset{(1)}{\boldsymbol{T}}=\overset{(2)}{\boldsymbol{T}}$. It means that occurrence of two different strain rates and stress states at the same boundary conditions is impossible.

We now assume that the stress state $\overset{(2)}{\boldsymbol{T}}$ does not plastify the medium but the stress state $\overset{(1)}{\boldsymbol{T}}$ does. Then we have $\overset{(1)}{\boldsymbol{D}}\neq\boldsymbol{0}$, $\overset{(2)}{\boldsymbol{D}}=\boldsymbol{0}$ and

$$\overset{(1)}{\boldsymbol{T}}{}^{\mathrm{D}}\cdot\overset{(1)}{\boldsymbol{T}}{}^{\mathrm{D}}+3\alpha^2(\overset{(1)}{\boldsymbol{T}}\cdot\boldsymbol{I})^2=K^2,\qquad\overset{(2)}{\boldsymbol{T}}{}^{\mathrm{D}}\cdot\overset{(2)}{\boldsymbol{T}}{}^{\mathrm{D}}+3\alpha^2(\overset{(2)}{\boldsymbol{T}}\cdot\boldsymbol{I})^2<K^2. \tag{4.9a), (4.9b}$$

We show that occurrence of such two different states for given boundary conditions is impossible. For this purpose we prove that

$$(\overset{(1)}{\boldsymbol{T}}\cdot\overset{(2)}{\boldsymbol{T}})\cdot\overset{(1)}{\boldsymbol{D}}>0 \tag{4.10}$$

when $\overset{(1)}{\boldsymbol{T}}\neq\overset{(2)}{\boldsymbol{T}}$.

We put (2.5) into (4.10) and obtain

$$(\overset{(1)}{\boldsymbol{T}}-\overset{(2)}{\boldsymbol{T}})\cdot\overset{(1)}{\boldsymbol{D}}=(\overset{(1)}{\boldsymbol{T}}-\overset{(2)}{\boldsymbol{T}})\cdot\overset{(1)}{\lambda}[\overset{(1)}{\boldsymbol{T}}{}^{\mathrm{D}}+3\alpha^2(\overset{(1)}{\boldsymbol{T}}\cdot\boldsymbol{I})\,\boldsymbol{I}]=$$

$$=\overset{(1)}{\lambda}\{[\overset{(1)}{\boldsymbol{T}}{}^{\mathrm{D}}\cdot\overset{(1)}{\boldsymbol{T}}{}^{\mathrm{D}}+3\alpha^2(\overset{(1)}{\boldsymbol{T}}\cdot\boldsymbol{I})^2]-$$

$$-[\overset{(1)}{\boldsymbol{T}}{}^{\mathrm{D}}\cdot\overset{(2)}{\boldsymbol{T}}{}^{\mathrm{D}}+3\alpha^2(\overset{(1)}{\boldsymbol{T}}\cdot\boldsymbol{I})(\overset{(2)}{\boldsymbol{T}}\cdot\boldsymbol{I})]\}=$$

$$=\overset{(1)}{\lambda}\{K^2-[\overset{(1)}{\boldsymbol{T}}{}^{\mathrm{D}}\cdot\overset{(2)}{\boldsymbol{T}}{}^{\mathrm{D}}+3\alpha^2(\overset{(1)}{\boldsymbol{T}}\cdot\boldsymbol{I})(\overset{(2)}{\boldsymbol{T}}\cdot\boldsymbol{I})]\}. \tag{4.11}$$

Using Schwarz's inequality we state that

$$\overset{(1)}{\boldsymbol{T}}{}^{\mathrm{D}}\cdot\overset{(2)}{\boldsymbol{T}}{}^{\mathrm{D}}+3\alpha^2(\overset{(1)}{\boldsymbol{T}}\cdot\boldsymbol{I})(\overset{(2)}{\boldsymbol{T}}\cdot\boldsymbol{I})=[\overset{(1)}{\boldsymbol{T}}{}^{\mathrm{D}}+\alpha(\overset{(1)}{\boldsymbol{T}}\cdot\boldsymbol{I})\,\boldsymbol{I}]\cdot[\overset{(2)}{\boldsymbol{T}}{}^{\mathrm{D}}+\alpha(\overset{(2)}{\boldsymbol{T}}\cdot\boldsymbol{I})\,\boldsymbol{I}]\leq$$

$$\leq\sqrt{[\overset{(1)}{\boldsymbol{T}}{}^{\mathrm{D}}+\alpha(\overset{(1)}{\boldsymbol{T}}\cdot\boldsymbol{I})\,\boldsymbol{I}]\cdot[\overset{(1)}{\boldsymbol{T}}{}^{\mathrm{D}}+\alpha(\overset{(1)}{\boldsymbol{T}}\cdot\boldsymbol{I})\,\boldsymbol{I}]}\cdot$$

$$\cdot\sqrt{[\overset{(2)}{\boldsymbol{T}}{}^{\mathrm{D}}+\alpha(\overset{(2)}{\boldsymbol{T}}\cdot\boldsymbol{I})\,\boldsymbol{I}]\cdot[\overset{(2)}{\boldsymbol{T}}{}^{\mathrm{D}}+\alpha(\overset{(2)}{\boldsymbol{T}}\cdot\boldsymbol{I})\,\boldsymbol{I}]}=$$

$$=\sqrt{\overset{(1)}{\boldsymbol{T}}{}^{\mathrm{D}}\cdot\overset{(1)}{\boldsymbol{T}}{}^{\mathrm{D}}+3\alpha^2(\overset{(1)}{\boldsymbol{T}}\cdot\boldsymbol{I})^2}\sqrt{\overset{(2)}{\boldsymbol{T}}{}^{\mathrm{D}}\cdot\overset{(2)}{\boldsymbol{T}}{}^{\mathrm{D}}+3\alpha^2(\overset{(2)}{\boldsymbol{T}}\cdot\boldsymbol{I})^2}\leq K^2. \tag{4.12}$$

Then the inequality sign in (4.10) obliges for $\overset{(1)}{\boldsymbol{T}}\neq\overset{(2)}{\boldsymbol{T}}$. The equality (4.2) can be satisfied by $\overset{(2)}{\boldsymbol{D}}=\boldsymbol{0}$ only when

$$\overset{(1)}{\boldsymbol{T}}=\overset{(2)}{\boldsymbol{T}}\quad\text{and}\quad\overset{(1)}{\boldsymbol{w}}-\overset{(1)}{\boldsymbol{v}}=\overset{(2)}{\boldsymbol{w}}-\overset{(2)}{\boldsymbol{v}}, \tag{4.13}$$

where the yield condition (4.9a) has to be satisfied. For two different stress states $\overset{(1)}{\boldsymbol{T}}$ and $\overset{(2)}{\boldsymbol{T}}$ such as

$$\overset{(1)}{\boldsymbol{T}}{}^{\mathrm{D}}\cdot\overset{(1)}{\boldsymbol{T}}{}^{\mathrm{D}}+3\alpha^2(\overset{(1)}{\boldsymbol{T}}\cdot\boldsymbol{I})^2<K^2,\qquad\overset{(2)}{\boldsymbol{T}}{}^{\mathrm{D}}\cdot\overset{(2)}{\boldsymbol{T}}{}^{\mathrm{D}}+3\alpha^2(\overset{(2)}{\boldsymbol{T}}\cdot\boldsymbol{I})^2<K^2 \tag{4.14}$$

we have $\overset{(1)}{\boldsymbol{D}}=\boldsymbol{0}$ and $\overset{(2)}{\boldsymbol{D}}=\boldsymbol{0}$. The equality (4.2) is satisfied in this case by $(\hat{\boldsymbol{w}}-\hat{\boldsymbol{v}})=\boldsymbol{0}$, even if $\overset{1}{\boldsymbol{T}}\neq\overset{2}{\boldsymbol{T}}$. Then the uniqueness of the solutions of boundary-value problems can be violated in rigid (nonplastified) regions.

The uniqueness theorem for solutions of boundary problems for a rigid-ideal plastic porous material with its pores filled with a fluid can thus be stated as follows:

If two or more complete solutions of a boundary problem can be determined, then the stress fields of the solutions are identical except possibly in the common non-deformed regions.

Acknowledgement: The support of this work by „Deutsche Forschungsgemeinschaft" is gratefully acknowledged.

References

1 BOER, R. DE; KOWALSKI, S. J., A plasticity theory for fluid-saturated porous solids, Internat. J. Engng. Sci 21 (1983) 11, 1343–1357.
2 BOER, R. DE, Vektor- und Tensorrechnung für Ingenieure, Springer Verlag, Berlin-Heidelberg-New York 1982.

Received April 10, 1984, revised version August 24, 1984

Addresses: Professor Dr. REINT DE BOER, Universität Essen, FB Bauwesen, Fachgebiet Mechanik, Postfach 6843, D-4300 Essen 1, BRD
Dr. STEFAN JAN KOWALSKI, Institute of Fundamental Technological Research, Polish Academy of Sciences, ed. Mietzyńskiego 27/29, 61-725 Poznań, Poland

ZAMM · Z. angew. Math. Mech. 66 (1986) 2, 121–124

SAFWAT, H.

Gravity Waves in Basins whose Plan is a Regular n-Gon

1. Introduction

The problem of standing waves in bounded liquids is one of the lodest studies in classical hydrodynamics. It took a considerable interest from eminent scientists and mathematicians as MERIAN [1], POISSON [2] and RAYLEIGH [3] where they have investigated the oscillations of a liquid in a vertical circular basin of any uniform depth. With the modern technological advances in various fields, the problem has gained impetus, since the knowledge of the slosh frequencies of these waves is of direct value to the engineering systems possessing bounded liquids. Exact solutions exist for some simple shaped basins with vertical walls and uniform depth such as rectangular, circular and annular basins (cf. WEHAUSEN and LAITONE [4]). For other shapes, naturally, one must resort to approximate methods, e.g.: Finite-differences [5], Finite Elements [6] and recently by the author Perturbations [7].

In the present paper, the free standing gravity waves problem occurring in a perfect liquid filling to an arbitrary uniform depth basins with vertical side walls is studied. The base of the basin has a horizontal regular polygonal boundary. The slosh fundamental frequency is determined by mapping conformally to the unit disk plane and then applying Galerkin procedure. Comparison theorems are provided to get lower and upper bounds of slosh eigenvalues.

2. Field equations

Consider a rigid basin with vertical side walls whose base has a horizontal boundary ∂D_n filled with a perfect liquid up to uniform depth h. The boundary ∂D_n is a regular polygon with n sides and centre O. Setting a right handed orthogonal triad $Oxyz$ with the axis Oz be pointed vertically upward with the quiescent free surface of the liquid as $z = 0$, the liquid oscillatory motion can be described by a single-valued potential function $\Phi(x, y, z; t)$ that satisfies (cf. LAMB [8], p. 429)

$$\nabla^2\Phi = \frac{\partial^2\Phi}{\partial x^2} + \frac{\partial^2\Phi}{\partial y^2} + \frac{\partial^2\Phi}{\partial z^2} = 0\,, \quad z \leqq 0\,, \tag{1}$$

and the velocity components of any particle of the liquid are

$$u = -\frac{\partial\Phi}{\partial x}\,, \quad v = -\frac{\partial\Phi}{\partial y}\,, \quad w = -\frac{\partial\Phi}{\partial z}\,. \tag{2}$$

For the particles of the liquid in contact with the walls and base of the basin the condition of the normal velocity component be zero is applied, i.e.,

$$\partial\Phi/\partial\nu = 0 \tag{3}$$

in which ν denotes the unit outward normal vector to the boundary.

As for the free surface, if η is its elevation at time t at the point (x, y) above the still liquid level, then the normal component of the liquid velocity must equal the normal component of the velocity of the surface itself, this necessitates

$$\frac{\partial\eta}{\partial t} = \frac{\partial\Phi}{\partial x}\cdot\frac{\partial\eta}{\partial x} + \frac{\partial\Phi}{\partial y}\cdot\frac{\partial\eta}{\partial y} - \frac{\partial\Phi}{\partial z}\,. \tag{4}$$

Also, if p denotes the pressure that remains constant at the surface $z = \eta$ the energy integral of the momentum equations is

$$g\eta = \frac{\partial\Phi}{\partial t} - \frac{1}{2}(u^2 + v^2 + w^2) \tag{5}$$

in which g is the acceleration of gravity.

For a linear slosh eigenanalysis, all dependent variables are expanded into power series in terms of a fictitious parameter μ about the quiescent state (cf. STOKER [9], Chap. 2). Assuming that these expansions can be differentiated term by term, by virtue of smallness of deviations and their derivatives, the lowest order of equations (4, 5) are

$$\partial\eta/\partial t = -\partial\Phi/\partial z\,, \qquad g\eta = \partial\Phi/\partial t \quad \text{on} \quad z = 0\,. \tag{6), (7}$$

By taking $\Phi(x, y, z; t) = \varphi(x, y)\,\mathrm{Cosh}\,k_n(z + h)\,e^{i\sigma_n t}$ and substituting into equation (1), (3), (6) and (7), one can get

$$\frac{\partial^2\varphi}{\partial x^2} + \frac{\partial^2\varphi}{\partial y^2} + k_n^2\varphi = 0 \quad \text{for all} \quad P(x, y) \in D_n\,, \tag{8}$$

$$\frac{\partial\varphi}{\partial\nu} = 0 \quad \text{for all} \quad P(x, y) \in \partial D_n \tag{9}$$

and

$$\sigma_n^2 = gk_n\,\mathrm{Tanh}\,k_nh\,. \tag{10}$$

Introducing the complex variables

$$\mathfrak{z} = x + iy \quad \text{and} \quad \mathfrak{z}^* = x - iy \tag{11}$$

in which an asterisk denotes the complex conjugate, equations (8) and (9) can take the forms

$$\frac{\partial^2\varphi}{\partial\mathfrak{z}\,\partial\mathfrak{z}^*} + \frac{k_n^2}{4}\varphi = 0 \quad \text{for all} \quad P(\mathfrak{z}, \mathfrak{z}^*) \in D_n\,, \tag{12}$$

$$\frac{\partial\varphi}{\partial\mathfrak{z}^*}\,d\mathfrak{z}^* - \frac{\partial\varphi}{\partial\mathfrak{z}}\,d\mathfrak{z} = 0 \quad \text{for all} \quad P(\mathfrak{z}, \mathfrak{z}^*) \in \partial D_n\,. \tag{13}$$

Thus, based upon the assumptions and simplifications aforementioned, the posed problem is reduced to an eigenvalue problem in which k_n is the eigenvalue and $\varphi(\mathfrak{z}, \mathfrak{z}^*)$ is the associated eigenfunction that should satisfy the two-dimensional nonseparable Helmholtz Equation (12) with the Neumann boundary condition (13).

3. Eigenanalysis

Based upon the well-known Riemann theorem which ensures the existence of a function that maps the unit disk in one plane onto any simply connected domain, let

$$\mathfrak{z} = \omega(\zeta) \tag{14}$$

be such a mapping function that maps the unit disk B in the ζ-plane onto the domain D_n in the $\mathfrak{z}$-plane. Thus, equations (12) and (13) take the form

$$\frac{\partial^2\varphi}{\partial\zeta\,\partial\zeta^*} + \frac{k_n^2}{4}\,\omega'(\zeta)\,\omega^{*\prime}(\zeta^*)\,\varphi = 0\,, \qquad \left.\frac{\partial\varphi}{\partial\zeta}\right|_{\zeta=t} t + \left.\frac{\partial\varphi}{\partial\zeta^*}\right|_{\zeta^*=t^*} t^* = 0 \tag{15), (16}$$

in which a prime denotes differentiation with respect to ζ and $t = e^{i\vartheta}$ is any point on the unit circle ∂B in the ζ-plane. The function ω that maps a unit circle in the ζ-plane onto a polygon in the $\mathfrak{z}$-plane can be found using the well known Schwarz-Christoffel transformation (cf. HENRICI [10], Chap. 5) In the case of a regular n-gon with side "a" and a_n denotes the radius of its circumscribed circle, the derivative of the required mapping function is

$$\frac{d\mathfrak{z}}{d\zeta} = \omega'(\zeta) = \frac{a_n}{\int_0^1 (1 - t^n)^{-2/n}\,dt}(1 - \zeta^n)^{-2/n} \tag{17}$$

subject to the normalization conditions

$$\omega(0) = 0\,, \qquad \omega(1) = a_n \quad \text{and} \quad \omega'(0) > 0\,. \tag{18}$$

The integral $\int_0^1 (1 - t^n)^{-2/n}\,dt$ can be evaluated in terms of Gamma functions and its value is

$$\int_0^1 (1 - t^n)^{-2/n}\,dt = \frac{\Gamma\left(\frac{1}{n}\right)\Gamma\left(1 - \frac{2}{n}\right)}{n\Gamma\left(1 - \frac{1}{n}\right)} \tag{19}$$

Noting that $a = 2a_n \sin(\pi/n)$, substituting (19) into (17) and after some reduction, one is led to

$$\omega'(\zeta) = b_n(1 - \zeta^n)^{-2/n} \tag{20}$$

in which

$$b_n = \frac{na}{2}\cdot\frac{\sin\frac{2\pi}{n}}{\sin^2\frac{\pi}{n}}\cdot\frac{\Gamma\left(\frac{2}{n}\right)}{\left[\Gamma\left(\frac{1}{n}\right)\right]^2}\,. \tag{21}$$

Substituting equation (20) into equations (15) and (16) and noting that $\zeta = r\,e^{i\vartheta}$, $r \leqq 1$, one can get

$$\frac{1}{r}\frac{\partial}{\partial r}\left(r\frac{\partial\varphi}{\partial r}\right) + \frac{1}{r^2}\frac{\partial^2\varphi}{\partial\vartheta^2} + k_n^2 f\varphi = 0 \tag{22}$$

in which the function $f(r, \vartheta)$ is given by

$$f(r, \vartheta) = b_n^2(1 - 2r^n\cos n\vartheta + r^{2n})^{-2/n} \tag{23}$$

and

$$\left.\frac{\partial\varphi}{\partial r}\right|_{r=1} = 0\,. \tag{24}$$

Finding an exact solution for the differential equation (22) with the Neumann condition (24) is hardly possible. So, resort to approximate methods is the right path. Of these many approximate methods, Galerkin's procedure is to be applied to the present problem. Let the approximation function $\tilde{\phi}(r, \vartheta)$ to the exact eigenfunction ϕ be given by

$$\tilde{\phi} = \sum_{l=1}^{N} \tilde{\phi}_l(r, \vartheta)\, \alpha_l \tag{25}$$

in which

$$\tilde{\phi}_l = \cos\vartheta \cdot r^{l+1}(2 - r)^{l+1} \tag{26}$$

and the α's denote constant parameters to be determined. It is clear that every $\tilde{\phi}_l$ satisfies equation (24).

Substituting (25) into (22), it is natural to expect that the right hand side of equation (22) does not vanish in general and gives an expression symboled by $\varepsilon(r, \vartheta)$ that denotes the amount of error at a generic point (r, ϑ) due to the use of the approximation function $\tilde{\phi}$. Thus,

$$\varepsilon(r, \vartheta) = \cos\vartheta \cdot \sum_{l=1}^{N} r^{l-1}(2 - r)^{l-1}\{2(l+1)[2(l+1)(r^2+1) - (4l+5)r] - (2-r)^2\}\alpha_l + k_n^2 b_n^2 (1 - 2r^n \cos n\vartheta + r^{2n})^{-2/n} \cos\vartheta \cdot \sum_{l=1}^{N} r^{l+1}(2-r)^{l+1}\alpha_l\,. \tag{27}$$

In Galerkin's procedure, the error function $\varepsilon(r, \vartheta)$ must be orthogonal with respect to $\tilde{\phi}_j$ over the unit disk. Thus,

$$\int_0^{2\pi}\int_0^1 \varepsilon(r, \vartheta)\, \tilde{\phi}_j(r, \vartheta)\, r\, dr\, d\vartheta = 0\,, \qquad j = 1, 2, \ldots, N\,, \tag{28}$$

and a homogeneous system of linear algebraic equations for the α's is obtained. Such a system can have nontrivial solutions if the determinant of the coefficients of the unknown parameters α's vanishes identically. The determinantal equation is found to be

$$\begin{vmatrix} \mathfrak{L}_{11} & \mathfrak{L}_{12} & \mathfrak{L}_{13} & \cdots \\ \mathfrak{L}_{21} & \mathfrak{L}_{22} & \mathfrak{L}_{23} & \cdots \\ \mathfrak{L}_{31} & \mathfrak{L}_{32} & \mathfrak{L}_{33} & \cdots \\ \vdots & \vdots & \vdots & \end{vmatrix} = 0 \tag{29}$$

in which

$$\mathfrak{L}_{jl} = \mathfrak{M}_{jl} + k_n^2 b_n^2\, \mathfrak{N}_{jl} \tag{30}$$

where

$$\mathfrak{M}_{jl} = \int_0^{2\pi}\int_0^1 \cos^2\vartheta \cdot r^{l+j+1}(2-r)^{l+j}\{2(l+1)[2(l+1)(r^2+1) - (4l+5)r] - (2-r)^2\}\, dr\, d\vartheta \tag{31}$$

and

$$\mathfrak{N}_{jl} = \int_0^{2\pi}\int_0^1 \cos^2\vartheta \cdot r^{l+j+3}(2-r)^{l+j+2}(1 - 2r^n \cos n\vartheta + r^{2n})^{-2/n} \times dr\, d\vartheta \tag{32}$$

From the determinantal equation (29), the fundamental slosh frequency can be determined. In evaluating the integrals given in equations (31) and (32) use has been made of the following integral

$$I = \int_0^1 r^p (2-r)^q\, dr = \frac{2^q}{p+1}\, {}_2F_1(-q, p+1; p+2; 1/2) \tag{33}$$

in which p, q are positive integers.

Also, in evaluating the integral defined by equation (32), the expression $(1 - 2r^n \cos n\vartheta + r^{2n})^{-2/n}$ is expanded into an infinite uniformaly convergent series for $|r| < 1$ in which its coefficients are Gegenbauer polynomials in the form

$$(1 - 2r^n \cos n\vartheta + r^{2n})^{-2/n} = \sum_{m=0}^{\infty} C_m^{(2/n)}(\cos n\vartheta) \cdot r^{mn} \tag{34}$$

in which $C_m^{(2/n)}(r)$ is the Gegenbauer polynomial of degree m and order $2/n$. Thus, equation (32) reduces to

$$\mathfrak{N}_{jl} = \lim_{\delta \to 0} \sum_{m=0}^{\infty} \int_0^{2\pi}\int_0^{1-\delta} \cos^2\vartheta \cdot C_m^{(2/n)}(\cos n\vartheta)\, r^{mn+l+j+3} \times (2-r)^{l+j+2}\, dr\, d\vartheta\,. \tag{35}$$

Since

$$C_m^{(2/n)}(\cos n\vartheta) = \frac{1}{\Gamma\left(\frac{2}{n}\right)} \sum_{p=0}^{[m/2]} (-)^p\, 2^{m-2p}\, \frac{\Gamma\left(\frac{2}{n} + m - p\right)}{p!(m-2p)!} \times \cos^{m-2p} n\vartheta \tag{36}$$

and

$$\int_0^{2\pi} \cos^{2s} n\vartheta\, d\vartheta = \frac{2\pi(2s)!}{4^s (s!)^2} \tag{37}$$

in which s is a positive integer, equation (35) is analytically determined.

The first example to be considered in the present study is the case of a basin whose planform boundary is a square whose side is "a". The reason for this choice is the existence of an exact solution in which the results of the present work can be compared. Supplementing $n = 4$, truncating equation (29) at the second order, evaluating $\mathfrak{L}_{11}$, $\mathfrak{L}_{12}$, $\mathfrak{L}_{21}$ and $\mathfrak{L}_{22}$ from equations (30,) (31) and (35) and solving for the lowest fundamental slosh wave number, there results

$$k_4 = 3.0701/a\,. \tag{38}$$

The exact value (cf. [8], p. 284) is

$$k_{\text{exact}} = \pi/a\,. \tag{39}$$

Thus, the amount of the relative error is 2.2759% which indicates an excellent outcome for the present approximate method.

Also, the lowest fundamental slosh wave numbers for basins whose planform boundaries are an equilateral triangle with side "a" ($n = 3$) and a hexagon with side "a" ($n = 6$) are

$$k_3 = 4.3054/a\,, \qquad k_6 = 1.9255/a\,. \tag{40), (41}$$

4. Bounds

It is desirable to obtain lower and upper bounds for the fundamental slosh frequency of any basin with vertical side walls. Obviously, these bounds will bring a check on the results obtained due to the compulsory application of approximate methods. In the present study, the field equations have been reduced to equations (8) and (9) which are analogous to the theory of the transverse vibrations of a uniformly stretched free membrane. Hence, the idea of domain monotonicity of the eigenvalues, which is obtained by a variational argument and described in [11] can be applied in the present context. Consider a basin with vertical side walls whose planform boundary $\partial D'$ is a convex one of a simply-connected horizontal domain D' such that D' satisfies the relation $D' \subset D_n$ of the original basin whose planform is the regular n-gon. The boundary $\partial D'$ of D' lies entirely in D_n or is, at most, in partial concidence with ∂D_n. Clearly the newly formed basin associated with D' may be constructed from the basin of D_n by freezing the amount of liquid lying between D_n and D'. If the fundamental wave numbers of both basins D_n and D' are k_n and k', respectively, the relation between k_n and k' is given by the following comparison theorem [11, p. 176] for free membranes whose statement according to the present situation is: "The shrinking of the boundary by freezing part of its domain may increase, but cannot lower, each eigenvalue", that is

$$k' \geqq k_n\,. \tag{42}$$

Thus, taking the inner basin as a circular vertical cylinder filled partially with liquid up to the same depth "h" and its radius is the inscribed radius to the n-gon, given by $c_n = \frac{a}{2}\cot\frac{\pi}{n}$, the fundamental wave number is known exactly [8, p. 287] as the first positive root of the derivative J_1' of the Bessel function J_1. There follows

$$k_n \leqq k_u = \frac{1.172\pi}{a}\tan\frac{\pi}{n} \tag{43}$$

which provides an upper bound for the value of k_n.

Naturally, if $n \uparrow \infty$ and $a \downarrow 0$ such that na = const. (say $2\pi R$) the equality sign of (43) holds.

Similarly, if a circular vertical cylinder filled also partially with liquid up to the same depth "h" and its radius is the circumscribed radius to the n-gon given by $a_n = \frac{a}{2} \operatorname{cosec} \frac{\pi}{n}$ while the original basin lies entirely in it then, by applying the comparison theorem again, one can get

$$k_n \geqq k_l = \frac{1.172\pi}{a} \sin \frac{\pi}{n} \tag{44}$$

which gives a lower bound for the value of k_n.

Also, if $n \uparrow \infty$ and $a \downarrow 0$ such that $na =$ const. the equality sign of (44) also holds. It is clear that $|k_u - k_l| \downarrow 0$ as $n \uparrow \infty$. Combining (43) and (44) gives

$$\frac{1.172\pi}{a} \sin \frac{\pi}{n} \leqq k_n \leqq \frac{1.172\pi}{a} \tan \frac{\pi}{n} \tag{45}$$

which provides lower and upper bounds for k_n.

For a square section, the lower and upper bounds (the number π is taken 3.1416) are

$$k_l = 2.6035/a\,, \qquad k_u = 3.682/a\,. \qquad (46\text{a}), (46\text{b})$$

Also, for an equilateral triangular section, the lower and upper bounds are

$$k_l = 3.1888/a\,, \qquad k_u = 6.3776/a\,. \qquad (47\text{a}), (47\text{b})$$

Similarly, the lower and upper bounds for a hexagonal section are

$$k_l = 1.841/a\,, \qquad k_u = 2.1258/a\,. \qquad (48\text{a}), (48\text{b})$$

It is easily seen that equations (46–48) show a good confidence in the estimated values of k_n given by equations (38, 40 and 41), respectively.

An improved upper bound can be obtained from the following isoperimetric inequality [12] for free membranes that "For a given simply-connected domain D with unit area, the fundamental eigenvalue is maximum when D becomes a circle". Noting that the area of n-gon with side "a" is

$$A = \frac{n}{8} \cdot \frac{\sin(2\pi/n)}{\sin^2(\pi/n)} a^2 \tag{49}$$

inequality (43) is thus replaced by

$$k_n \leqq k_u = \frac{9.2292}{a} \frac{\sin(\pi/n)}{(n \sin(2\pi/n))^{1/2}}\,. \tag{50}$$

The improved upper bounds for $n = 3$, 4 and 6 are

$$k_{u_3} = 4.9587/a\,, \qquad k_{u_4} = 3.263/a\,, \qquad k_{u_6} = 2.0244/a\,, \qquad (51\text{a}), (51\text{b}), (51\text{c})$$

respectively.

Once again, equations (51) establish a powerful check on the results of k_n presented.

The last isoperimetric inequality drags us to an interesting point about the value of the fundamental eigenvalue for various polygonal shapes that have the same area or, in other words, basins of the same volume with equal liquid depth. An answer can be provided in the present study for the cases investigated, namely, triangular, square and hexagonal shapes. By taking an unit area, substituting for "a" from equation (49) into equations (38), (40) and (41), yield

$$k_3 = 2.8331\,, \qquad k_4 = 3.0701\,, \qquad k_6 = 3.1036\,,$$

while for a circle of unit area $k_{\text{circle}} = 3.2631$. One can infer from these results that with the increase of the polygon sides, for the same area, the fundamental slosh frequency increases until it reaches the maximum value for a circular shape.

5. Conclusions

The following conclusions can be drawn from the present study

1. An approximate but accurate procedure has been presented to determine the fundamental frequency of the slosh mode in vertical basins with a horizontal boundary that takes a regular polygonal shape. The procedure relies on the conformal mapping to the unit disk plane.

2. Rigorous lower and upper bounds based on domain monotonicity have been provided to check the estimated eigenvalues.

3. For the same volume of liquid, the fundamental slosh frequency in basins of equal liquid depth increases with the increase of the number of polygon sides.

References

1 MERIAN, J. R., Über die Bewegung tropfbarer Flüssigkeiten in Gefäßen, Math. Ann. **27** (1828), 575.
2 POISSON, S. D., Sur les petites oscillations de l'eau contenue dans un cylindre, Ann. de Gergonne **19** (1829), 225.
3 RAYLEIGH, LORD, On waves. Philos. Mag. V. Ser. **1** (1876), 257–279.
4 WEHAUSEN, J. V.; LAITONE, E. V., Surface waves in: FLÜGGE, S. (ed.), Handbuch der Physik, 9, p. 623, Berlin, Springer 1960.
5 VAZSONYI, A., A numerical method in the theory of vibrating bodies, J. Appl. Phys. **15** (1944).
6 TAYLOR, C.; PATIL, B. S.; ZIENKIEWICZ, O. C., Harbour oscillations, a numerical treatment for undamped natural modes, Proc. Inst. Civil. Eng. **43** (1969), 141–156.
7 SAFWAT, H. M., On free liquid oscillations in irregular basins, Paper No. 18984, J. Engrg. Mech. Division, Proc. ASCE. **110** (1984).
8 LAMB, H., Hydrodynamics 6th Ed., New York, Dover 1945, p. 429.
9 STOKER, J. J., Water Waves, New York, Interscience 1957.
10 HENRICI, P., Applied and Computational Complex Analysis. Vol. 1, New York, John Wiley 1974.
11 WEINSTOCK, R., Calculus of Variations, New York, McGraw-Hill 1952.
12 WEINBERGER, H. F., An isoperimetric inequality for the N-dimensional free membrane problem, J. Rat. Mech. Anal. 5 (1956), 633–636.

Received August 3, 1984

Address: assoc. Prof. Magister Eng. Dr. math. HELMY SAFWAT, Department of Engineering Mathematics, Faculty of Engineering, University of Alexandria, El-Hadhrah, Alexandria, Egypt.

ZAMM · Z. angew. Math. Mech. 66 (1986) 2, 124–127

GUPTA, R. C.

Effect of Injection on the Power-Law Fluid Flow in the Inlet Region of a Circular Pipe

1. Introduction

The initial velocity distribution of viscous fluid entering a pipe from a large reservoir undergoes a gradual change and finally attains an invariant fully developed form. The flow in this region of developing velocity profiles is designated as the hydrodynamic inlet region flow. It is known that the fluid flows over a considerable length of the pipe before it becomes fully established [1, 2, 3]. Thus, if in a particular application fully developed state is required it would be of interest to control the length of the inlet region.

Since the fluid injection increases the growth of the boundary layer thickness [4] injection may be one of the possible means of controlling the length of the inlet region. In the present paper we study the effect of fluid injection on the flow of Power-law fluids, which are characterised by the relation

$$t_{ij} = k \,|\, (\sum_{l=1}^{3} \sum_{m=1}^{3} e_{lm} e_{ml})^{1/2} |^{n-1}\, e_{ij} \tag{1}$$

between the components of stress tensor t_{ij} and those of rate of strain tensor e_{ij}; k and n being the consistency and the flow behaviour index of the fluid respectively, in the inlet region of a circular pipe.

2. Formulation of the problem

The differential equations governing the laminar steady flow of an incompressible Power-law fluid with constant properties in the inlet region of a circular pipe of radius R are

$$\frac{\partial \bar{u}}{\partial \bar{x}} + \frac{1}{\bar{r}} \frac{\partial}{\partial \bar{r}} (\bar{r}\bar{v}) = 0\,, \tag{2}$$

$$\bar{u} \frac{\partial \bar{u}}{\partial \bar{x}} + \bar{v} \frac{\partial \bar{u}}{\partial \bar{r}} = -\frac{1}{\varrho} \frac{\mathrm{d}\bar{p}}{\mathrm{d}\bar{x}} + \frac{\nu}{\bar{r}} \frac{\partial}{\partial \bar{r}} \left(\bar{r} \left| \frac{\partial \bar{u}}{\partial \bar{r}} \right|^{n-1} \frac{\partial \bar{u}}{\partial \bar{r}} \right), \tag{3}$$

with

$$\nu = \frac{k2^{(n-1)/2}}{\varrho} = \frac{K}{\varrho}\ (\text{say})\,. \tag{4}$$

Here $\bar{u}$ and $\bar{v}$ denote the axial ($\bar{x}$-) and radial ($\bar{r}$-) components of the velocity in the boundary layer. Axis of the pipe has been taken to coincide with the cylindrical coordinate system whose origin is at the entry plane. It is assumed that the fluid enters the pipe with uniform velocity V and is injected through the pipe walls with fixed velocity v_0.

Introduction of the following dimensionless variables $u = \bar{u}/V$, $v = \bar{v}/v_0$ $x = 1 + \frac{v_0}{V} \frac{x}{R}$, $r = \bar{r}/R$, $p = \bar{p}/\varrho V^2$ reduces equations (2) and (3) to the form

$$\frac{\partial u}{\partial x} + \frac{1}{r} \frac{\partial}{\partial r} (rv) = 0\,, \tag{5}$$

$$u \frac{\partial u}{\partial x} + v \frac{\partial u}{\partial r} = -\frac{\mathrm{d}p}{\mathrm{d}x} + \frac{\alpha}{r} \frac{\partial}{\partial r} \left(r \left| \frac{\partial u}{\partial r} \right|^{n-1} \frac{\partial u}{\partial r} \right), \tag{6}$$

where

$$\alpha = 8 \left(\frac{n}{3n+1} \right)^n \left(\frac{N_{Re}^{n-1}}{\lambda} \right)^{\frac{1}{2-n}}. \tag{7}$$

$N_{Re} (= 8\varrho V^{2-n}(nR/(3n+1))^n/K)$ and $\lambda (= 8\varrho v_0^{2-n}(nR/(3n+1))^n/K)$ being the abbreviations for Reynolds number and the injection parameter respectively. Flow geometry leads to the following boundary conditions

$$\begin{aligned} &\text{at the entry} \quad x = 1\,, && u = 1\,, && v = 0 \quad \text{for all } r\,, \\ &\text{at the pipe axis } r = 0\,, && \frac{\partial u}{\partial r} = 0\,, && v = 0 \quad \text{for all } x\,, \\ &\text{at the pipe wall } r = 1\,, && u = 0\,, && v = -1 \quad \text{for all } x\,. \end{aligned} \tag{8}$$

We now proceed to present an integral solution of (5) and (6) subject to the conditions (8).

3. Solution

Integrate equation of continuity (5) to obtain the radial velocity at a distance r from the pipe axis as

$$(rv)|_r = -\left(1 + \int_1^r \frac{\partial u}{\partial x} r\,\mathrm{d}r\right). \tag{9}$$

When $r = 0$, this gives

$$\int_0^1 \frac{\partial u}{\partial x} r\,\mathrm{d}r = 1, \tag{10}$$

which leads to integral form of conservation of mass:

$$\int_0^1 ur\,\mathrm{d}r = x - \tfrac{1}{2}\,. \tag{11}$$

Eliminate v between (5), (6) and (9) and integrate from (some) r to the pipe wall to obtain

$$\int_r^1 \frac{\partial u^2}{\partial x} r\,\mathrm{d}r + u \left(1 - \int_r^1 \frac{\partial u}{\partial x} r\,\mathrm{d}r\right) =$$

$$= \frac{\mathrm{d}p}{\mathrm{d}x} \frac{r^2 - 1}{2} + \alpha \left[\left(r \left| \frac{\partial u}{\partial r} \right|^{n-1} \frac{\partial u}{\partial r} \right)_1 - r \left| \frac{\partial u}{\partial r} \right|^{n-1} \frac{\partial u}{\partial r} \right]. \tag{12}$$

Substitution of $r = 0$ in (12) leads to the momentum balance

$$\int_0^1 \frac{\partial u^2}{\partial x} r\,\mathrm{d}r = -\frac{1}{2} \frac{\mathrm{d}p}{\mathrm{d}x} + \alpha \left(r \left| \frac{\partial u}{\partial r} \right|^{n-1} \frac{\partial u}{\partial r} \right)_1. \tag{13}$$

To compute $\left(r \left| \frac{\partial u}{\partial r} \right|^{n-1} \frac{\partial u}{\partial r} \right)_1$ integrate each term of (12) over the flow cross section to obtain

$$\int_1^0 \int_1^r \frac{\partial u^2}{\partial x} r\,\mathrm{d}r\, r\,\mathrm{d}r - \int_1^0 u \int_1^r \frac{\partial u}{\partial x} r\,\mathrm{d}r\, r\,\mathrm{d}r + x - \frac{1}{2} -$$

$$- \alpha \int_1^0 r \left| \frac{\partial u}{\partial r} \right|^{n-1} \frac{\partial u}{\partial r} r\,\mathrm{d}r = -\frac{1}{8} \frac{\mathrm{d}p}{\mathrm{d}x} + \frac{1}{2} \alpha \left(r \left| \frac{\partial u}{\partial r} \right|^{n-1} \frac{\partial u}{\partial r} \right)_1. \tag{14}$$

Combination of (13) and (14) gives improved momentum balance in the form

$$\frac{1}{8} \frac{\mathrm{d}p}{\mathrm{d}x} = \frac{1}{2} \int_1^0 \frac{\partial u^2}{\partial x} r\,\mathrm{d}r + \int_1^0 \left(\int_1^r \frac{\partial u^2}{\partial x} r\,\mathrm{d}r - u \int_1^r \frac{\partial u}{\partial x} r\,\mathrm{d}r \right) r\,\mathrm{d}r$$

$$+ x - \frac{1}{2} + \alpha \int_1^0 r \left| \frac{\partial u}{\partial r} \right|^{n-1} \left(-\frac{\partial u}{\partial r} \right) r\,\mathrm{d}r\,. \tag{15}$$

To obtain the energy balance we multiply each term of (6) by $2u$ and integrate over the flow cross section to arrive at

$$(1 - 2x) \frac{\mathrm{d}p}{\mathrm{d}x} = \frac{\mathrm{d}}{\mathrm{d}x} \int_0^1 u^3 r\,\mathrm{d}r + 2\alpha \int_0^1 \left| \frac{\partial u}{\partial r} \right|^{n-1} \left(\frac{\partial u}{\partial r} \right)^2 r\,\mathrm{d}r. \tag{16}$$

The boundary layer velocity profile is assumed to be of the form

$$u = U \left[1 - \left(1 - \frac{1-r}{\delta} \right)^s \right] \tag{17}$$

in which U and δ, respectively, represent dimensionless velocity outside the boundary layer and the nondimensional boundary layer thickness.

Combination of (11) and (17) yields

$$U = \frac{2x - 1}{1 - A_1\delta + A_2\delta^2}, \tag{18}$$

where

$$A_1 = 2/(s+1) \quad \text{and} \quad A_2 = A_1/(s+2)\,. \tag{19, 20}$$

Combination of (15), (17) and (18) leads to

$$\frac{1}{8} \frac{\mathrm{d}}{\mathrm{d}x} [p + 2U^2(1 - B_1\delta + B_2\delta^2)] + \frac{\alpha s^n}{sn - n + 1} \times$$

$$\times \left[1 - \frac{2\delta}{sn - n + 2} + \frac{2\delta^2}{(sn - n + 2)(sn - n + 3)} \right] \frac{U^n}{\delta^{n-1}} =$$

$$= U \frac{\mathrm{d}U}{\mathrm{d}x} \left(\frac{1}{8} - \frac{F(\delta)}{2(s+1)(2s+1)} \right) - U^2 \frac{\mathrm{d}\delta}{\mathrm{d}x} \frac{sG(\delta)}{2(s+1)(2s+1)} +$$

$$+ x - \tfrac{1}{2}\,, \tag{21}$$

and that between (16), (17) and (18) to

$$2(1 - 2x) \frac{\mathrm{d}p}{\mathrm{d}x} = \frac{\mathrm{d}}{\mathrm{d}x} [U^3(1 - C_1\delta + C_2\delta^2)] +$$

$$+ \frac{4\alpha U^{n+1}}{\delta^n} \frac{s^{n+1}}{sn - n + s} \left[1 - \frac{\delta}{sn - n + s + 1} \right], \tag{22}$$

where

$$F(\delta) = (4s + 1)\,\delta - \frac{(17s^2 + 19s + 3)\,\delta^2}{(s+1)(s+2)} +$$

$$+ \frac{2(41s^3 + 106s^2 + 72s + 9)\,\delta^3}{(s+1)(s+2)(s+3)(2s+3)} -$$

$$- \frac{(89s^4 + 414s^3 + 628s^2 + 333s + 36)\,\delta^4}{(s+1)(s+2)^2(s+3)(s+4)(2s+3)}, \tag{23}$$

$$G(\delta) = 1 - \frac{(8s + 7)\,\delta}{(s+1)(s+2)} + \frac{(171s^2 + 405s + 216)\,\delta^2}{3(s+1)(s+2)(s+3)(2s+3)}$$

$$-\frac{(170s^3 + 756s^2 + 1042s + 432)\,\delta^4}{2(s+1)\,(s+2)^2\,(s+3)\,(s+4)\,(2s+3)}, \tag{24}$$

and B_1, B_2, C_1 and C_2 are the same as given in [5].

Finally we eliminate $\mathrm{d}p/\mathrm{d}x$ and U between (18), (21) and (22) and obtain

$$\frac{\mathrm{d}x}{\mathrm{d}\delta} = f(x, \delta; n, \alpha)\,, \tag{25}$$

which, for the given values of the parameters, determines δ at a given distance $x^*(=\bar{x}/RN_{Re})$ from the entry plane. Other flow characteristics, eg. pressure drop, the axial velocity distribution etc. can be obtained from the relations derived above.

4. Results

Numerical results of the present analysis are depicted in figures 1–3 for pseudoplastic ($n = 0.75$), Newtonian ($n = 1$) and dilatant ($n = 1.25$) fluids for $N_{Re} = 1000$ and various λ. These are based on quartic boundary layer velocity profile assumption. Also included in these figures are the discontinuous curves, which represent the momentum-energy-integral solution of the problem under consideration [5]. For the evaluation of the integrals we have used a fourth order Runge-Kutta method.

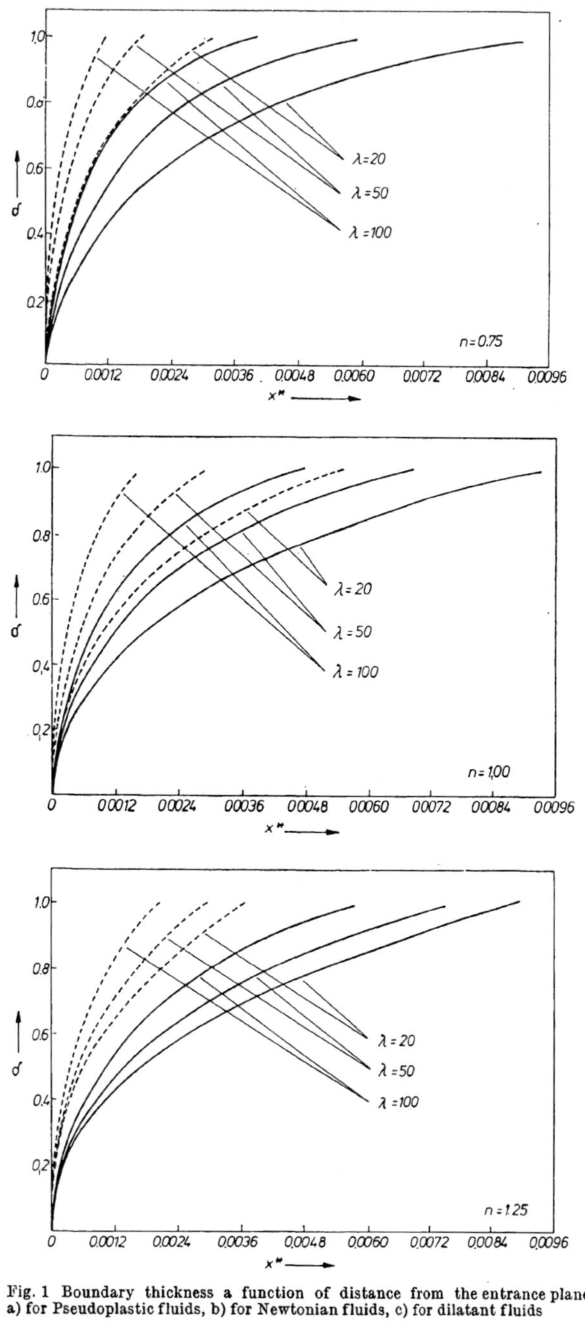

Fig. 1 Boundary thickness a function of distance from the entrance plane. a) for Pseudoplastic fluids, b) for Newtonian fluids, c) for dilatant fluids

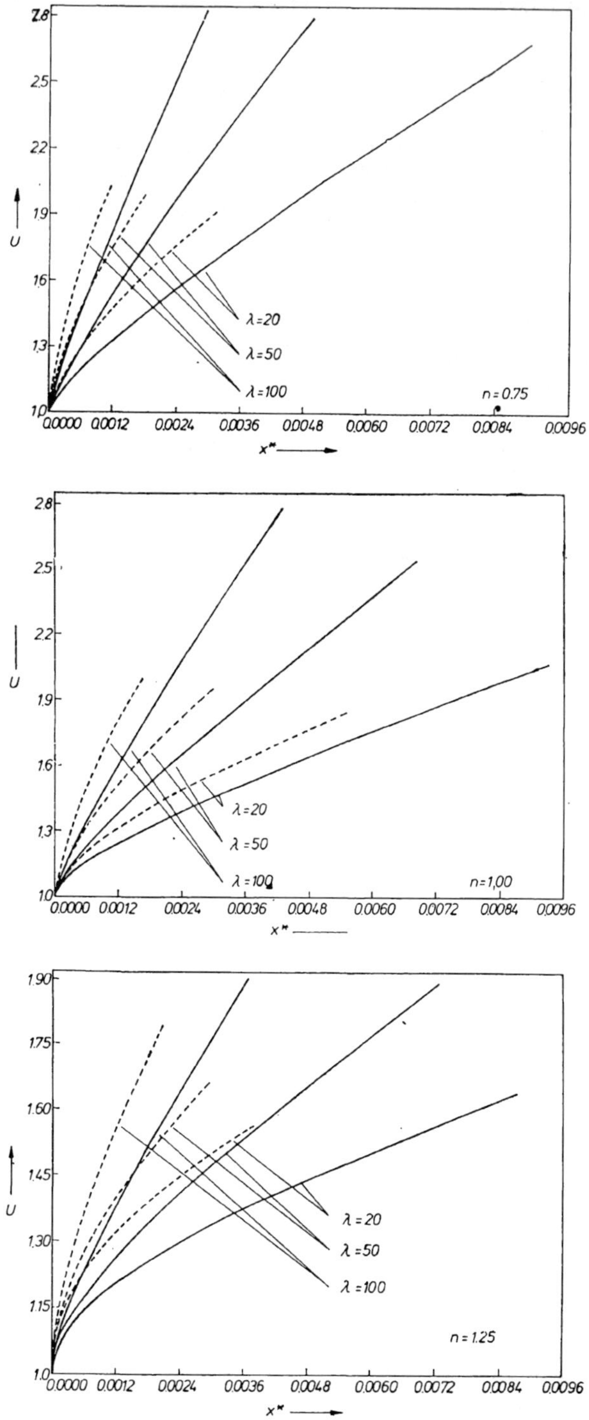

Fig. 2 Axial velocity development in the inlet region. a) for Pseudoplastic fluids, b) for Newtonian fluids, c) for dilatant fluids

Figure 1 shows the variation of the boundary layer thickness in the inlet region for various values of the injection parameter. It is observed that the foregoing analysis predicts slower rate of growth of the boundary layer thickness. This, in turn, implies that the flow becomes fully established after the fluid travels a longer distance. In all the considered cases increase in λ results in a decrease in the length of the inlet region.

The development of centre line velocity is shown in figure 2. At a given location the present analysis predicts smaller core velocity as compared to the earlier one [5].

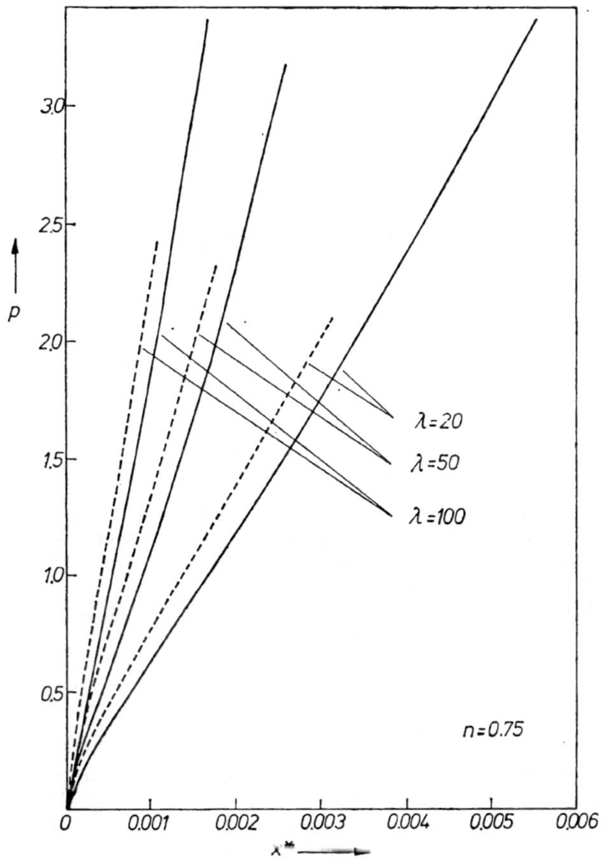

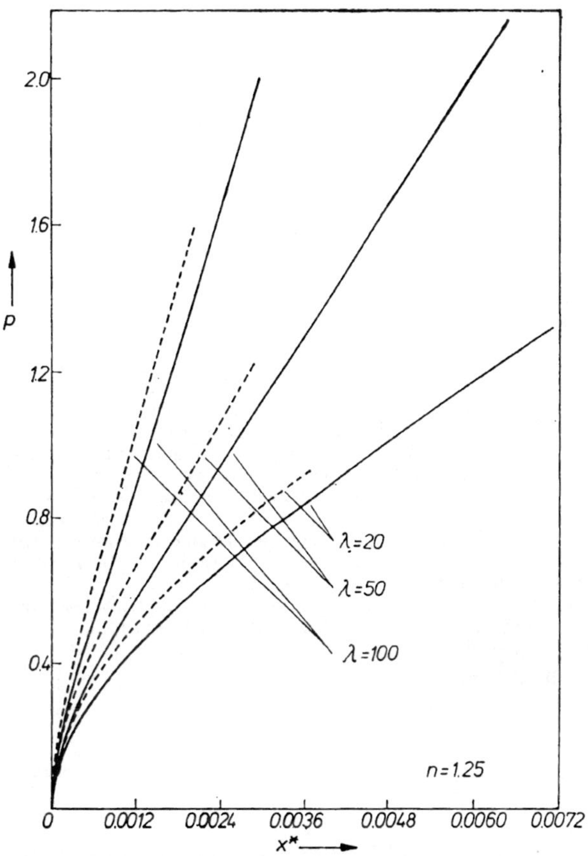

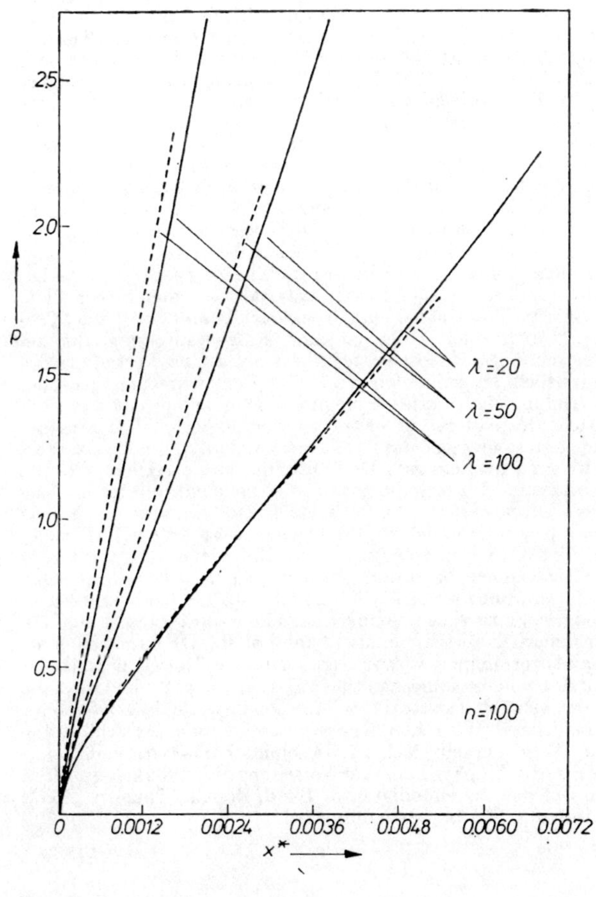

Fig. 3 Inlet region pressure distribution a) for Pseudoplastic fluids, b) for Newtonian fluids, c) for dilatant fluids

Inlet region pressure distribution is shown in figure 3. The analysis predicts lower pressure drop at a given station as compared to that predicted on the basis of [5] for all n.

5. Remarks

Both the momentum-energy-integral solution [5] and the present solution are based on the momentum balance (13) which contains the term $\propto \left(r \left|\frac{\partial u}{\partial r}\right|^{n-1} \frac{\partial u}{\partial r}\right)_1$ · The replacement of this term with the help of the assumed velocity distribution may introduce a considerable error in the analysis. Thus, in this paper we improve the analysis in [5] by expressing $\propto \left(r \left|\frac{\partial u}{\partial r}\right|^{n-1} \frac{\partial u}{\partial r}\right)_1$ in terms of integrals involving the axial velocity distribution. The analysis should provide better results because the integrals involved do not differ much if the integrand varies slightly from its exact value provided the boundary conditions are satisfied.

However, experimental data does not seem to be available to assess the validity of the solution.

References

1 BOGER, D. V., Circular entry flows of inelastic and viscoelastic fluids, "Advances in Transport Processes" Vol. II (MUJUMDAR, A. S.; MASHELKAR, R. A., Eds.) 43–104, Wiley Eastern Ltd., India, 1982.
2 GUPTA, R. C., Hydrodynamic inlet region flow of Power-law fluids in a circular tube, ZAMM 61, 299–303, 1981.
3 SHAH, R. K.; LONDON, A. L., Laminar flow forced convection in ducts, Supplement 1 to "Advances in Heat Transfer", Academic Press, New York, 1978.
4 SCHLICHLING, H., Recent Progress in Boundary layer Research, AIAA paper no. 73–780, 1973.
5 GUPTA, R. C., Effect of injection on the developing flow of Power-law fluids in a circular pipe, ZAMM 53, 638–640, 1973.

Received March 9, 1985

Address: R. C. GUPTA, Department of Mathematics, National University of Singapore, Singapore 0511

BOOK REVIEWS

Großmann, Ch. / Riedrich, T. / Schönheinz, H. (eds.), Numerical Analysis of Selected Semilinear Differential Equations. Berlin, Akademie-Verlag 1984. 203 S., M 26,–. ISBN 0138-3019 (Mathematical Research 21)

Der vorliegende Band stellt eine Sammlung von elf Beiträgen zu aktuellen Fragestellungen bei der Numerischen Lösung von Differentialgleichungen dar. Die Themenauswahl und die Präsentation des Materials ermöglichen dem Leser eine gute Information über einige wichtige Themen. Im einzelnen werden dabei angesprochen: Monotonie-Eigenschaften von Diskretisierungen semilinearer Differentialgleichungen und deren Anwendung auf iterative Lösungsverfahren, Fehlerschranken beim charakteristischen Anfangswertproblem hyperbolischer Gleichungen, Stabilität bei der Linienmethode auf nichtäquidistanten Gittern, modifizierte Rosenbrock-Methoden bei gewöhnlichen Anfangswertaufgaben, numerische Studien mit Programmpaketen zur Lösung steifer Anfangswertaufgaben, das Finite-Element-Verfahren bei gemischten Variationsaufgaben, die diskrete Greensche Funktion der Fünfpunktapproximation des Laplaceoperators unter Dirichletbedingungen in der Ebene, numerische Simulation von Halbleiterbauelementen.

Es lohnt sich, in diesen Forschungsband hineinzusehen, der zudem in einem preislich recht akzeptablen Rahmen zum Kauf angeboten wird.

Berlin (West) R. D. GRIGORIEFF

Beirão da Veiga, H. (ed.), Fluid Dynamics. Lectures, Varenna 1982. Berlin-Heidelberg-New York-Tokyo, Springer-Verlag 1984. VII, 193 S., DM 24,–. US $ 9.00. ISBN 3-540-12893-X (Lecture Notes in Mathematics 1047)

Dieser Tagungsbericht enthält zwei der drei Übersichtsvorlesungen und vier Seminarvorträge der „Internationalen Mathematischen Sommerschule" zur Strömungsmechanik, die 1982 in Varenna/Italien stattfand.

„Fluid Dynamics" ist heute ein sehr weites Feld, das keine Sommerschule umfassend darstellen kann. Dieser Tagungsband konzentriert sich auf mathematische Fragen des Studiums strömungsmechanischer Probleme. C. BARDOS behandelt in der inhaltsreichen Vorlesung „Introduction aux problèmes hyperboliques non linéaires" neben rein mathematischen Problemen für Gleichungen und Gleichungssysteme (z. B. Eindeutigkeit der Lösung) auch Fragen, die gasdynamisch interessant sind, so die Erfüllung der Stoßbedingungen von RANKINE und HUGENIOT oder Konzepte zur Einführung der Entropie. Er gibt ein explizites Studium (z. B. des Riemannschen Problems) an sehr instruktiven Beispielen, wie der Gleichung von BURGER und weiteren Gleichungen. — A. MAJDA behandelt in „Smooth solutions for the equations of compressible and incompressible fluid flow" die analytischen Eigenschaften (Zugehörigkeit zu Funktionenklassen) für Lösungen von Systemen nichtlinearer differentieller Erhaltungssätze, darunter auch der Eulerschen Gleichung für kompressible und inkompressible Medien. Seine Methode ermöglicht die strenge Behandlung der Parameterabhängigkeit von Lösungen der genannten Erhaltungsgleichungen; so behandelt er auch Verbrennungsvorgänge bei niedrigen Machzahlen. Insbesondere gibt er strenge Grenzübergänge von Strömungen kompressibler Medien zu denen inkompressibler Medien. Dem gleichen, oft nur heuristisch behandelten Problem widmet sich auch A. LAGHA-BENABDALLAH im Seminarvortrag „Limites des équations d'une fluide compressible lorsque la compressibilité tend vers zéro", der auch sehr effektive Abschätzungen der Differenz zwischen kompressibler und inkompressibler Lösung angibt.

G. GEYMONAT und P. LEYLAND geben in „The linear transport operator of fluid dynamics" ein funktionalanalytisches Studium der räumlichen Anteile des Differentialoperators in gasdynamischen Gleichungen. — Der Seminarvortrag „Free boundary value problems for compressible viscous fluids" von A. VALLI ist ein Auszug aus der (fast) gleichnamigen umfangreichen Arbeit von A. VALLI und P. SECCHI, die inzwischen in „Crelles Journal" 341 (1983) erschien. Hier wird das Randwertproblem einer allgemeinen Gleichung kompressibler Strömungen (wie im Handbuch der Physik VIII (1)) bei Verwendung Lagrangescher Koordinaten als Fixpunktproblem eines Operators formuliert und so die Existenz einer Lösung bewiesen. — C. MARCHIORO gibt in „Vortex theory and Euler and Navier-Stokes evolution in two dimensions" Beziehungen zwischen der Theorie der Wirbelbewegung nach HELMHOLTZ, KIRCHHOFF und POINCARÉ und der Strömungsbeschreibung, wie sie für ebene Strömungen reibungsfreier und (spezieller) zäher Medien aus den entsprechenden partiellen Differentialgleichungen folgt.

Insgesamt kann der Band dem Mathematiker wertvolle Hinweise auf mathematische Probleme von gasdynamischem Interesse geben und dem Strömungsmechaniker einen Eindruck von modernen mathematischen Methoden auf seinem Gebiet vermitteln.

Am Rande sei noch bemerkt, daß Thema und Inhalt der beiden im Berichtsband wiedergegebenen Übersichtsvorlesungen doch erheblich von der Thematik abweichen, die in der Einladung zur Sommerschule angegeben worden war.

Karl-Marx-Stadt E. LANCKAU

Fung, Y. C., Biodynamics. Circulation. Berlin-Heidelberg-New York, Springer-Verlag 1984. XI, 404 S., 189 Abb., DM 92,–. US $ 36.60. ISBN 3-540-90867-6

Obgleich im Titel des Werkes nicht explizit ausgewiesen, handelt es sich bei diesem Buch um die Fortsetzung der „Biomechanics (Mechanical Properties of Living Tissues)", die vom gleichen Autor im gleichen Verlag im Jahre 1981 erschienen ist. Der Autor setzt bewußt die bewährte Tradition fort, ein Lehr- und Nachschlagewerk zu schreiben, das gleichermaßen für fortgeschrittene Studenten der Physiologie, der Medizin, der Mechanik und der Medizintechnik („bioengineering") geeignet ist. In dem vorliegenden Band sind umfassend die Probleme des Blutkreislaufes behandelt. Nach allgemeinen Darstellungen von Kreislaufprinzipien wird speziell auf biomechanische Aspekte des Herzen, der Arterien und der Venen eingegangen. Ein spezielles Kapitel ist der Mikrozirkulation in Kapillaren gewidmet, danach folgt die Darstellung der Lungendurchblutung. In einem Anhang werden die grundlegenden Feldgleichungen zusammenhängend dargestellt. Wie schon der erste Band, zeichnet sich auch dieses Buch nicht nur durch eine ausgezeichnete Didaktik und ein reiches Faktenmaterial aus, sondern vor allem durch seine Praxisnähe. Dies drückt sich besonders in den „Problems" aus, einer Aufgaben- und Fragensammlung, die am Ende eines jeden Abschnittes gleichzeitig eine Vertiefung des Wissens, eine Eigenkontrolle und eine Demonstration nutzvoller Anwendung des Stoffes ermöglicht. Dies entspricht auch der Absicht des Autors, die er im Vorwort äußert: „Das Buch ist keine Sammlung gelöster Probleme, sondern vielmehr ein Weg, darüber nachzudenken". Der Autor möchte erreichen, daß die Probleme der Physiologie genau so konsequent und folgerichtig dargestellt werden, wie in der klassischen Mechanik üblich. Mag dieser Weg in Hinblick auf die biochemische Seite der Physiologie, die nicht vernachlässigt werden darf, vielleicht etwas idealistisch erscheinen, so ist diese Tendenz jedenfalls zu unterstützen. In diesem Sinne ist dieses Buch nicht nur als Lehr- und Nachschlagewerk zu sehen, sondern als ein wichtiger Stimulus biomechanischer Forschung. Man kann hoffen, daß damit auch die vom Autor immer wieder angesprochene Notwendigkeit der Schaffung einer biomechanischen Datenbank gefördert wird, die es erst erlaubt, exakte Berechnungen physiologischer Systeme zu realisieren. Wie schon der erste Band, handelt es sich bei diesem Werk um ein Meilenstein biomechanischer, und damit gleichzeitig biophysikalischer Forschung. Wir können gespannt sein auf den angekündigten 3. Band, der die Themen „Flow, Motion and Stress" behandeln wird.

Berlin R. GLASER

Zeitschrift für Angewandte Mathematik und Mechanik
Volume 66 1986 Number 2

Contents

Michel, B.; Will, P.:
Integralkonzepte für die Rißbewertung — eine aktuelle Trendanalyse von Rißkriterien der modernen Bruchmechanik 65

Babitsky, V. I.; Landa, P. S.; Ol'khovoi. A. F.; Perminov, S. M.:
Stochastic Behaviour of Auto-Oscillating Systems with Inertial Self-Excitation 73

Sládek, V.; Sládek, J.; Balaš, J.:
Boundary Integral Formulation of Crack Problems 83

Yanenko, N. N.; Vasilkovsky, S. N.:
Application of the Method of One-Dimensional Functionals to the Solution of Elasto-Plastic Problems 95

Leonow, G. A.; Reitmann, V.:
Lokalisierung der Lösung diskreter Systeme mit instationärer periodischer Nichtlinearität 103

SHORT COMMUNICATIONS

Berg, L.:
Verbindungsregeln für orthogonale Projektoren 113

Dunham, Ch. B.:
Discretization of Uniform Rational Approximation with Decaying Functions 114

Goh, C. J.; Phan-Thien, N.; Atkinson, J. D.:
On a Stochastic Bifurcation in a Nonlinear System 116

de Boer, R.; Kowalski, St. J.:
The Uniqueness Theorem for Solutions of Boundary-Value Problems in the Plasticity Theory for Fluid-Saturated Porous Solids 119

Safwat, H.:
Gravity Waves in Basins whose Plan is a Regular n-Gon 121

Gupta, R. C.:
Effect of Injection on the Power-Law Fluid Flow in the Inlet Region of a Circular Pipe 124

BOOK REVIEWS 82, 102, 112, 128

Zeitschrift für Angewandte Mathematik und Mechanik is indexed in Current Contents/Physical, Chemical & Earth Sciences; Science Citation Index; Applied Mechanics Reviews; Mathematical Reviews; Zbl. Math.

MIX
Papier | Fördert
gute Waldnutzung
FSC® C083411

Zeitfracht Medien GmbH
Ferdinand-Jühlke-Straße 7
99095 Erfurt, Deutschland
produktsicherheit@kolibri360.de